SOUS LES TROPIQUES

CARTE DE L'AFRIQUE

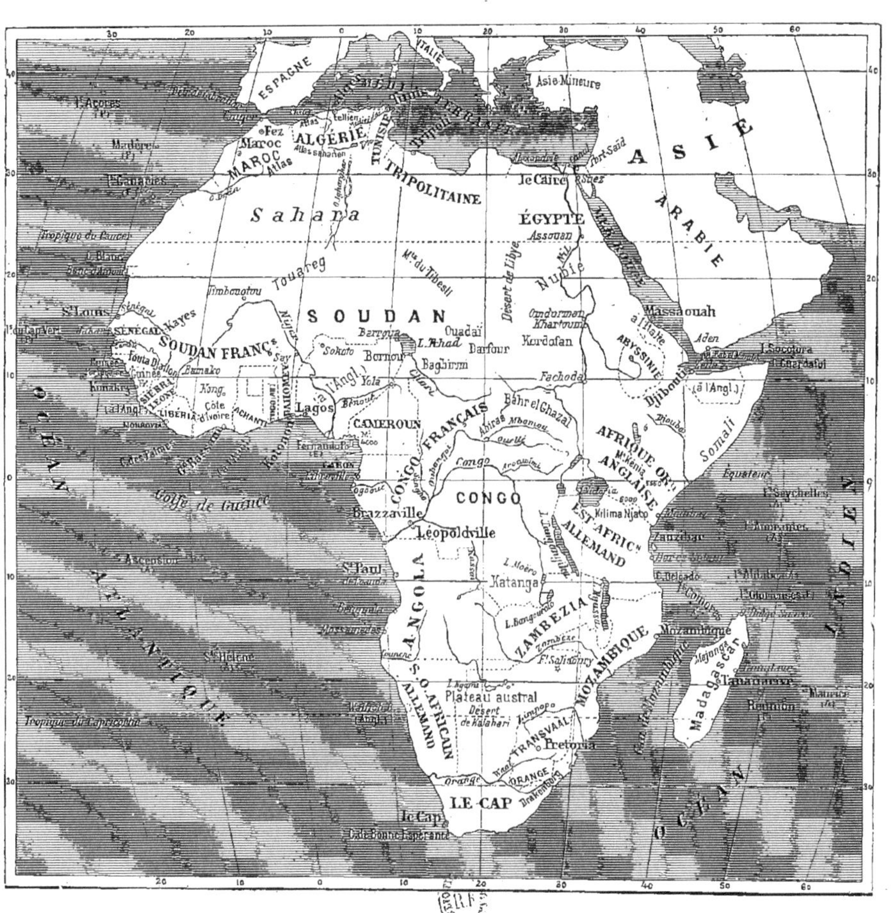

AUGUSTE MAILLOUX

Sous les Tropiques

IMPRESSIONS DE VOYAGE

d'un Gamin de Paris à Madagascar

« J'étais la ; telle chose m'advint. »
LA FONTAINE.

PARIS
LIBRAIRIE GEDALGE
75, RUE DES SAINTS-PÈRES, 75

A PIERRE LOTI

DE L'ACADÉMIE FRANÇAISE

Loti, j'ai comme vous vogué sous le Tropique,
Et j'ai senti le vent, la brume de la mer,
Les grosses lames qui, du fond du gouffre amer,
Remontent mollement sur les côtes d'Afrique.

Pour quelques mois j'ai fui mes champs de l'Armorique,
Les genêts d'or, la lande à l'aspect sombre et vert,
Et la Loire aux flots bleus. J'ai fui ce qui m'est cher,
Et j'ai pu parcourir le canal Mozambique.

Et mon rêve un moment s'est donc réalisé,
De courir comme vous sur les routes marines.
Des parfums d'Orient j'ai rempli mes narines.

D'exotiques récits ce livre est composé ;
Acceptez-en l'envoi, Maître aux pages divines,
En témoignage ému de mon respect charmé.

AUGUSTE MAILLOUX

Tananarive, 10 Février 1902

PRÉFACE

La préface c'est ce qu'on ne lit pas, surtout quand c'est un livre de lecture et que les lecteurs sont des enfants. Voilà pourquoi j'ai accepté d'écrire cette préface.

SOUS LES TROPIQUES est une relation de voyage maritime et colonial; or je n'ai jamais vu le large, ni la moindre colonie, je n'ai pas l'ombre de compétence pour présenter au public les opinions de mon auteur sur une traversée, ni sur un pays tropical. D'ailleurs, il les présente trop bien, lui-même, pour avoir besoin d'un introducteur.

Cette préface a des ambitions plus modestes et plus banales: causer des alentours du livre, s'entretenir avec son auteur, le contredire un brin, tout juste assez pour n'avoir pas l'air de reproduire ses idées et de les répéter dans les mêmes termes. Il vaudrait mieux la lire, après achèvement du volume, lorsqu'on va le fermer, prêt à réfléchir sur son contenu et à se représenter la physionomie de l'auteur, avec qui l'on vient de sympathiser.

Je n'en connais guère, en effet, de plus sympathique que celle de M. Mailloux. Il n'y en a pas qui transparaisse davantage, à travers les lignes d'un livre; dans tous ses ouvrages, on la rencontre; on la reconnaît, sous la diversité des noms et dans la variété des situations; on la suit, d'un intérêt qui croît avec le nombre des pages; on la quitte, avec l'espoir de la retrouver dans quelque prochaine création de son intelligence ouverte et de sa plume infatigable.

Il a écrit d'abord pour les savants et les éducateurs, et il écrit encore pour eux, dans une revue scientifique, dont il est le directeur. Cette revue est œuvre de bonté autant qu'œuvre de science; car elle se consacre à l'étude et à la culture des enfants anormaux, de ces déshérités de la nature que les maîtres relèguent dans un coin de la classe, désespérant de les instruire. Instituteur, M. Mailloux, fut touché de leur sort, et son active pitié se fit assez éloquente pour recueillir les bonnes volontés de toute l'Europe, les associer et fonder, avec elles, la *Revue Internationale de Pédagogie comparative.*

Tourné vers l'enfance, il devait écrire pour elle ; il lui suffisait, pour cela, d'évoquer son enfance à lui, d'en conter les détails simples, mais attendrissants, les historiettes naïves, les sentiments menus et vifs. *Ptadu*, *Mémoires d'un enfant*, fut tout cela et bien d'autres choses encore, des choses exquises, dont l'émotion contenue charme les grands au moins autant que les petits.

Et voici que l'enfant est devenu un homme; il arrive à la caserne, il est soldat. C'est une vie nouvelle, *A l'ombre du Drapeau*, une vie faite sans doute d'exercices monotones et pénibles, d'obéissance et d'abnégation, mais prise avec bon sens et bonne humeur, par amour du pays, par respect du devoir. Et M. Mailloux est toujours aussi sympathique au lecteur sous sa capote de petit pioupiou que sous sa vareuse de petit écolier.

Mais il y a un intervalle, entre les deux époques, une lacune dans la vie de notre personnage, et notre intérêt pour lui n'y trouve plus son compte. Qu'est-il devenu, sinon au collège, du moins à la sortie du collège, avant le tirage au sort? Quelles ont été ses pensées, ses sentiments, ses goûts, durant cette période charmante, où l'homme s'ébauche dans l'adolescent qui s'achève?...

SOUS LES TROPIQUES va nous le raconter.... Ptadu a changé son sobriquet poitevin contre l'appellation familière de Gust; il sort d'un lycée parisien, une petite passionnette au cœur, un diplôme de bachelier en poche et le diable au fond de sa bourse. La bonne idée d'un vieil oncle qui l'appelle auprès de lui pour exploiter un domaine malgache, lui épargne les compétitions rebutantes et l'ornière banale du fonctionnarisme. Gust sera *colon*.

Ce sont ses impressions d'émigrant, le voyage de Paris à Marseille, la traversée de la Méditerranée, de la mer Rouge et de l'océan Indien, les escales de Port-Saïd, de Djibouti, des Seychelles, de Diego-Suarez, le débarquement à Tamatave, le trajet entre la côte et la capitale, l'arrivée à Tananarive, les premières expériences de cette vie nouvelle, les remarques, les contes recueillis sur place, qui remplissent le journal de Gust, ses lettres à sa tante et à sa petite amie Suzanne.

Gust est un garçon intelligent et de sensibilité fine; il sent avec autant de justesse que de délicatesse, et il se rend compte de ce qu'il sent; il note avec précision la mélancolie pénétrante des départs dont on ne prévoit pas le retour et des adieux qui sont définitifs; il se désole pareillement de ne plus l'avoir cette mélancolie, lorsque le climat tropical a énervé, en lui, les affections, et presque desséché le cœur. La nature tropicale, avec ses aspects grandioses ou gracieux, stériles ou luxuriants mais toujours imprévus, lui procure des impressions exactes et pittoresques, qu'il traduit aussitôt en descriptions artistiques. Un coucher de soleil sur la mer Rouge, une île, un rivage côtoyé par le navire, la grande forêt entre les Pangalanes et l'Imérina, Tananarive qu'il découvre de loin, perchée sur un socle montagneux, l'orage dans la brousse lui fournissent des croquis où il n'y a rien à reprendre et rien à ajouter.

Peut-être sera-t-on tenté de lui trouver un talent plus mûri qu'il ne convient à son âge. Mais à certains accents ironiques, à un ton tranchant, à des sévérités de jugement, toutes juvéniles, on retrouve le jeune homme et le jeune homme parisien. D'ailleurs, (je vous le dis en secret), Gust n'est jamais allé à Madagascar à dix-sept ans ; c'est M. Mailloux qui y est allé à trente, et leur journal est la combinaison des souvenirs d'une adolescence qui ne fut pas une voyageuse, avec les observations d'une jeune maturité qui l'est devenue.

Ce n'est pas leur journal qui y a perdu.

Il a gagné beaucoup d'honneur ; il a gagné de former une thèse ou même une réquisition, qui ne laissera pas de surprendre le lecteur non prévenu : *Madagascar est surfaite* ; la *colonisation française y est un leurre* ; *nous ne sommes pas encore aptes à coloniser* ; *restons chez nous* ; *nous avons mieux à y faire*.

La déception est forte, pour ceux qui ont pris, comme moi, l'habitude de lire, presque tous les matins, dans leur journal, les progrès rapides de notre récente acquisition. La déception dut être encore plus rude pour M. Mailloux, et le plus fort de son pessimisme en vient. Il partit, convaincu qu'il allait faire un voyage d'agrément et d'émerveillement. Ce fut le contraire qu'il éprouva ; froissé dans son goût du confortable, froissé dans son amour-propre patriotique et dans le culte qu'il porte à la dignité de Français, il souffrit de mille déconvenues ; il s'est refusé à les cacher.

Le trajet est pénible sur un vieux bateau mal commode, le compagnon de cabine est sujet au mal de mer... avec l'indiscrétion ; le débarquement se fait sous une pluie implacable, et l'on manipule les bagages sans égards ni précautions ; la gare de

Tamatave n'a pas de consigne ; le train d'Ivondro a de mauvais coussins et des toitures crevées, les vapeurs fluviaux ont un ameublement et une machinerie hors d'usage, les restaurants de village sont aussi chers que mal approvisionnés, Mahatzara n'a ni bec de gaz, ni tramways ; les gîtes d'étapes sont peuplés de moustiques, les indigènes ne comprennent pas le français, la terre est d'une fertilité inégale, plutôt médiocre, et la vigne a peu de chance de s'y acclimater.

Le tableau n'est pas poussé au noir ; il est même très atténué, si on le compare avec ce qu'il est à la mode de raconter sur Madagascar, dans le monde de ceux qui « en sont revenus ». M. Mailloux a été réservé dans ses appréciations, et, toutes choses remises au point, son réquisitoire finit par ressembler à un plaidoyer, qui serait en même temps une leçon.

L'étonnant, en effet, ce n'est pas que les vagons soient mal rembourrés, le vin cher, les bateaux mal installés, les *bourjanes* peu sensibles aux beautés de la langue française ; l'étonnant est qu'il y ait, à Madagascar, des chemins de fer, des bateaux à vapeur, des caravansérails, pour les moindres étapes, des restaurants français, dans des villages minuscules, avec du vin, voire du champagne, des indigènes passionnés pour l'étude et bien disposés pour l'étranger vainqueur. Voilà ce qui est surprenant et admirable. Or tout cela, personne ne l'a si bien dit, sans *bluffer*, sans jeter de la poudre aux yeux, que notre auteur.

Et ce gamin de Gust, qui s'attend à trouver en Afrique australe les aises du bon pays de France, ne peut s'empêcher d'admirer combien le peuple conquis est assimilable, cultivable, et même fashionable.

Seulement — et c'est la leçon qui se dégage très explicitement de ces deux cent soixante dix pages, — il ne faut pas venir au pays malgache avec les idées et le genre de vocation que l'on y porte d'habitude.

N'y allez pas pour faire un *fonctionnaire*. Le fonctionnaire symbolisé dans l'ineffable Inspecteur des Réverbères de Tamatave est, selon M. Mailloux, la plaie financière de la colonie et la déconsidération des Français devant les indigènes ou les étrangers. Il se lâche à la mollesse d'un climat déprimant, s'abandonne à ses instincts, les moins relevés, et, esclave lui-même de tous ses caprices, il ne craint pas de les imposer en maître à ceux qu'il a mission d'administrer et de civiliser. Il ne tarde pas, du reste, à être victime du soleil, des fièvres, des apéritifs et de son manque d'hygiène.

N'y allez pas non plus, comme vers un Eldorado, où il suffira de vous baisser pour ramasser fortune et bonheur. A Madagascar, pas plus qu'ailleurs, et encore moins qu'ailleurs, on ne fait rien sans rien. Pour recueillir, ne serait-ce que moyennement, il faut un appoint moral et pécuniaire dont on n'est jamais dispensé. Il faut dépenser beaucoup et longtemps avant de voir fructifier son travail et son capital ; il faut être patient, endurant, persévérant, jusqu'à l'opiniâtreté ; il faut apporter une énergie virile, une culture véritablement pratique, des vertus romaines ou !... chinoises, enfin une santé à toute épreuve.

A ce prix, colonisez.

Et toutefois, écoutez le dernier et sage conseil que vous donne M. Mailloux : la terre de France, la bonne et vieille terre de France, est encore loin d'être cultivée, dans sa totalité ; il semble même qu'on l'abandonne chaque jour davantage pour les métiers de la ville. Commencez par elle. Faites-lui rendre tout ce qu'elle peut rendre — sa fertilité ne craint aucune comparaison. — Peuplez-la — elle n'est pas encore fatiguée du poids des générations. — Quand elle donnera les premiers signes de lassitude, alors il sera temps d'essaimer hors de la mère patrie.

Jadis les trirèmes des Grecs et les vaisseaux longs des Phéniciens emportèrent, aux rives prochaines ou éloignées, des théories d'émigrants, qui s'en allaient fonder une cité nouvelle, avec leurs dieux, les images de leurs ancêtres, les traditions de leur race et les secrets de leur civilisation. Ils instituèrent des villes et des républiques florissantes. Mais ils avaient renoncé pour toujours aux murailles et aux tombeaux du pays natal.

En France, la vie est encore trop belle à vivre, le travail trop facile à trouver, la peine trop bien récompensée, pour que des Français veuillent de sitôt dire l'adieu définitif à la terre et au ciel de France.

S. STROWSKI,
ancien élève de l'École normale supérieure,
professeur de Philosophie.

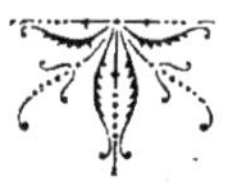

SOUS LES TROPIQUES

CHAPITRE PREMIER

ADIEU PARIS !

Octobre finissait dans un tremblement de feuilles jaunies. Les arbres du jardin des Tuileries se dépouillaient, de bas en haut, progressivement, de leur verdure.

C'était dimanche, jour de repos, jour de calme.

Sous le soleil rayonnant, au milieu d'un ciel sans nuage, l'eau des bassins miroitait, doucement. Quelques soldats, dont les pantalons rouges éclataient dans la teinte indécise des vêtements des flâneurs, se promenaient, — képis luisants ombrageant des visages frais rasés, ceinturons noirs serrant des torses robustes. Deux à deux, des bonnes, qui portaient des tabliers blancs et des bonnets tuyautés, auxquels pendaient de longs rubans de couleurs variées, roulaient des marmots dans de petites voiturettes. Fortes de leur belle jeunesse, elles riaient à la vie, pleines de confiance dans l'avenir et montraient dans les retroussis de leurs lèvres purpurines des dents blanches, solidement plantées. Autour d'un bassin, des jeunes gens de douze à quinze ans, longs et pâles dans leurs habits de lycéens, jetaient des miettes de pain aux poissons, qui se pressaient, en rangs nombreux, tournoyant dans l'eau transparente, avec un frétillement heureux de la queue. Plus loin, une fillette, jambes nues sous sa courte robe de velours cramoisi, chaussée de longues bottines jaunes, s'amusait à sauter à la corde pendant qu'une dame, qui devait être sa mère, assise tout près, sur une chaise, lisait distraitement.

Les promeneurs devenaient de plus en plus nombreux; les allées s'emplissaient; le sable criait sous les pas pressés; et, toujours le soleil, un magnifique soleil d'automne, continuait de répandre sa lumière à profusion sur les vieux murs gris du Louvre, sur le marbre de l'Arc de triomphe du Carrousel, et illuminait d'un éclat inaccoutumé le groupe de bronze qui le surmonte.

Tout à coup la petite fillette, aux jambes nues sous sa courte robe de velours cramoisi, cessa son jeu et courut vers un grand diable de lycéen qui portait très mal ses habits usés d'uniforme universitaire.

« Bonjour, Gust », dit-elle en lui souriant.

Il répondit nonchalamment :

— Bonjour, Suzanne!

Elle avait le teint bruni des personnes qui ont habité les pays du soleil, cette petite Suzanne qui pouvait bien alors compter dix ou douze ans, très élancée, très droite, l'air fort distingué. Elle marchait, fière et déjà un peu coquette, avec un léger balancement du corps, se sentant un tantinet remarquée, commençant d'aimer à être remarquée des passants. Tant de fois, là-bas, dans les montagnes du Sud algérien où elle était née, on lui avait dit que jamais deux plus beaux yeux gris, plutôt que bleus, n'avaient brillé sous le ciel d'Afrique, que jamais visage plus souriant ne s'était épanoui dans la tribu des Ouled-Naïl, que désormais Suzon, ainsi que familièrement on l'appelait, s'adorait presque, aimait à se regarder passer d'un rapide coup d'œil dans les glaces des devantures.

Elle avait vécu jusqu'à cinq ans dans une toute petite ville minable des hauts plateaux du Sahara, où ses parents tenaient un bazar. Mais, de très bonne heure, on l'amena à Alger, puis à Paris, où sa famille s'établit dans un coquet petit hôtel de l'avenue des Gobelins. C'était une enfant trop caressée, trop choyée.

Bien différent paraissait son ami Gust (diminutif de Gustave) petit orphelin de père et de mère, âgé de seize ans, recueilli par une vieille tante qui vivait modestement d'une pension de l'État reçue comme veuve d'un militaire mort pendant un service commandé. Gust habitait un tout petit appartement, sur une cour intérieure, derrière l'hôtel de Suzanne, aux Gobelins, et tous les jours que le lycée lui laissait de libres, il les passait en compagnie de son amie Suzon dans le jardin du Luxembourg, quand le temps était beau.

Les jours de pluie, ils restaient dans la salle à manger. Ils s'y amusaient bien, parce qu'ils n'y étaient jamais seuls. Là venaient les rejoindre, un gros chien de Kabylie, tout gris, rapporté d'Algérie lors du dernier voyage ; Couscous, une jolie minette noire avec des yeux brillants comme des escarboucles, et un gros et gras matou, Mousse, angora très flegmatique.

— Eh bien ! tout de même, dit Suzanne, et ton examen ?

— C'est fini ! fini ! répondit Gust faisant un geste de satisfaction. Je suis reçu définitivement. Adieu le vieux bahut de lycée!...

Suzanne ne pouvait contenir sa joie à l'heureuse nouvelle. Depuis huit jours Gust avait vécu à l'écart, absorbé complètement par le baccalauréat, dont il venait de subir la dernière série des épreuves.

Mais le plaisir de la fillette fut de courte durée. Elle n'eut pas le temps de dire combien cette nouvelle la comblait d'aise que Gust, devenant subitement grave, ajouta :

— Tu sais, Suzanne, dans deux mois je pars pour Madagascar. Je vais devenir colon dans la Grande Ile. Mon oncle Louis nous a écrit à cet effet.

Cet oncle Louis était un vieux loup de mer qui, lassé de courir les grandes routes maritimes, avait demandé une concession de terrain tout près de Tananarive, pour se livrer à l'élevage et cultiver le tabac. Il réussissait bien et avait besoin d'aide. Il avait pensé que son neveu, sans sou ni maille, au lieu de grossir le bataillon des aspirants et candidats aux fonctions publiques, aurait plus d'avantages de le rejoindre et de prendre sa succession.

Mais tout cela bouleversa sérieusement Suzanne. Son joli visage au fin profil de petite médaille antique s'assombrit. Quant à Gust, lui, il entrevoyait ce voyage, à sa sortie du lycée, plutôt comme une aventure curieuse et agréable!

Grand, mince, tout en jambes et en bras, il gesticulait fort, très heureux surtout d'être débarrassé de ses études, enchanté de dire un dernier adieu au lycée Flaubert, sur les bancs duquel il avait usé pas mal de fonds de culottes à traduire Cicéron et Homère, personnages imaginaires, selon lui, inventés par des professeurs de mauvaise humeur, pour abrutir les pauvres potaches.

La mère de Suzanne les rejoignit. Elle fut, elle aussi, toute surprise d'apprendre que Gust allait partir pour Madagascar et attristée de cette séparation, car elle aimait ce grand garçon de lycéen presque autant que sa fillette.

Ils se promenèrent, sans causer. Suzanne et Gust n'avaient plus envie de s'amuser. Ils ne s'intéressaient plus aux mille distractions que le jardin des Tuileries offre aux personnes de leur âge. Ils oublièrent même de jeter, comme ils avaient coutume de le faire, des miettes de pain aux moineaux sur les pelouses, aux poissons dans les bassins.

Ils se promenèrent sans causer, absorbés par leurs petites méditations d'enfants sensibles et rentrèrent dans leurs demeures, silencieux, en suivant le boulevard Saint-Germain, la rue de Tournon et les allées du Luxembourg, avant la nuit.

*
* *

Soir de décembre. Le verglas et la neige décorent, d'une façon aussi nouvelle qu'inattendue, le vieux jardin du Luxembourg. La nuit est venue, et aux fenêtres du palais des lumières piquent l'obscurité comme autant de points d'or.

On allume les réverbères. Les devantures des magasins du boulevard Saint-Michel et de la rue de Médicis s'illuminent.

Dans la boue du boulevard, sur ses rails, glisse le tramway Montrouge-Gare de l'Est, et de la station du chemin de fer de Sceaux des sons stridents se font entendre. Gust, seul, parcourt les allées désertes, ou à peu près, du jardin. Avant de s'en aller, il a voulu revoir une dernière fois cet endroit témoin de ses jeunes ébats. Le sable, blanc de neige, s'écrase en produisant sous son pied un bruit léger; les bancs ressortent, au bord des allées, comme autant de personnes agenouillées. Sur les plates-bandes, bien qu'à demi couvertes de neige, quelques merles volètent. Ils se sauvent, ces merles, à l'approche de Gust, en poussant de petits sifflements tristes.

Il cherche dans sa poche quelques miettes de pain. Mais il n'a rien à jeter aux oiseaux et continue sa marche, rêveur. Ce jardin du Luxembourg lui rappelle tant de souvenirs! Ici, tout près du grand bassin dont le jet d'eau sans trêve s'épanouit en l'air, puis retombe en gouttelettes fines, se trouve placé le banc sur lequel de préférence, aux beaux soirs d'été, il venait s'asseoir, parcourir rapidement ses notes de cours, ruminer ses plans de compositions françaises; plus loin, sous les arbres qui avoisinent le boulevard, que de fois ne s'est-il pas amusé à courir avec ses petits camarades du lycée! enfin dans l'allée de l'Observatoire, en compagnie de sa vieille tante et avec Suzanne, la petite amie inséparable, la petite sœur d'adoption, que de fois ne s'est-il pas reposé, à l'ombre!

Et maintenant toutes ces choses hantent sa jeune imagination. Il se sent ému malgré lui, lui cependant d'ordinaire si persifleur, si gavroche. Il présume qu'il ne va pas se séparer de tout ce passé sans un grand serrement de cœur, tant les influences de l'habitude et du milieu sont puissantes sur nous. Pourtant, c'est le cœur content qu'il avait pris connaissance de la décision du Tonton Louis.

Gust est courageux, et bien que sa tante essuie furtivement, de temps à autre, quelques larmes qui glissent aux coins de ses yeux, il veut continuer d'être fort. Il sera fort. A seize ans, partir pour un aussi long voyage ! Mais il n'y a pas un seul Anglais qui n'en ferait pas autant, la belle affaire ! se dit notre ami Gust pour se donner de la contenance. Et au fait, il a raison !

Voyager, c'est vivre ! c'est limer sa cervelle contre celle d'autrui, c'est apprendre....

Allons bon ! les vieux clichés qui reviennent, M. de Montaigne et *tutti quanti*. Quand donc serai-je complètement débarrassé de cette science livresque, de cette oppression du lycée.... Ah ! oui, vivement le large de la mer, les pampas inconnues ! pour se refaire une nouvelle mentalité....

Ainsi raisonnait, ce soir de décembre, l'ancien potache du lycée Flaubert. Et il rentra chez lui pour dormir, l'imagination surexcitée, troublée par des rêves de conquistadores.

*
* *

Brusquement, en moins d'une heure, comme pour s'enlever tout le temps à la réflexion, un soir, les malles et les cantines furent faites : vêtements de toile, vêtements de flanelle, casque colonial, le tout suivant les indications de l'oncle Louis. Et le lendemain, de grand matin, un omnibus roulait vers la gare de Lyon, emportant trois personnes : Suzanne, sa mère et Gust. Trop émue, la vieille tante, avait préféré rester à la maison.

L'omnibus roulait avec des cahotements durs sur la rue mal pavée. Et dedans, ils se trouvaient ballottés comme trois pauvres débris d'humanité. Au dehors, un brouillard épais et froid obscurcissait la vue. Quelques lumières encore brillaient. Et déjà le grand mouvement de la ville était commencé. De petites voitures à bras, de lourdes charrettes, des tramways à chaque instant, encombraient le boulevard Saint-Michel, la rue des Écoles, etc... En passant devant la Sorbonne, où quelques mois avant il avait affronté les épreuves définitives du baccalauréat, Gust se sentit impressionné. Il avait conscience de laisser partout, à chaque carrefour de la grande ville, dans chaque monument, un peu de lui-même. Il lui devenait pénible, maintenant, de dire adieu à ce Paris qu'il aimait tant, où il avait poussé, petite sensitive, entre les murs gris du lycée et ceux plus gais de la demeure de sa tante et de l'hôtel de Suzanne. Il se rendait un compte exact de ce qu'il allait quitter et, en retour, ignorait ce qu'il trouverait là-bas sur la terre meurtrière de Madagascar.

Quelle idée, tout de même, il avait eue, son oncle! N'était-ce pas insensé? Un gamin de seize ans, seul, s'exposer aux dangers d'un pareil voyage! Enfin, tout de même, Gust, malgré ces réflexions tristes, conservant toujours en son âme le rêve d'acquérir rapidement, là-bas, une jolie fortune et de revenir plus tard en France vivre tranquille, s'anima, finit par causer de choses indifférentes. La mère de Suzanne lui répondait. Dans un coin de l'omnibus, Suzanne se tenait immobile et gardait le silence.

Encore un grand roulement sur des pierres et la voiture s'arrêta. Le conducteur ouvrit la portière et tout le monde descendit. Gust prit son billet pour Montélimar, fit enregistrer ses bagages pour Marseille, sa bicyclette pour Montélimar et passa sur les quais

CARTE DE MADAGASCAR.

attendre le départ du train. Suzanne et sa mère l'accompagnèrent. Quel remue-ménage dans cette gare de Lyon dont le hall est immense !

Sept heures quinze, le train allait partir. Un furtif baiser à la mère et à Suzanne et, vite, Gust s'installa dans le wagon. La locomotive vomit, avec de la fumée noire, deux ou trois sons rauques et s'ébranla. Suzanne et sa mère firent quelques saluts de la main et disparurent bientôt à la vue de Gust.

CHAPITRE II

JOURNAL DE GUST

22 décembre.

Dans la campagne, blanche de neige, le train express court à toute vitesse. Ce que je me sens seul maintenant! Vers quel inconnu je me dirige? Mon pauvre cœur en tremble d'émotion! Enfin, il faut se résigner. Qu'aurais-je fait à Paris? Continuer mes études, ambitionner, plus tard, un emploi où, pour une place vacante il y a deux cents candidats? Vraiment, mon oncle Louis a raison. Il est cent fois préférable pour moi d'aller aux colonies.

Tiens, voilà le soleil qui perce le brouillard. Il me rit dans l'âme. Oh! mais attendons, ce soir, ce sera le midi, le vrai midi. Plus de brouillard alors, plus de neiges, rien qu'une bise douce sous les orangers! Quelle bonne idée, en effet, j'ai eue de profiter de ce voyage pour m'arrêter à Montélimar et aller jusqu'à Marsanne faire plus ample connaissance avec un ancien élève du lycée de Marseille, avec qui j'étais en correspondance suivie au lycée Flaubert. Un charmant garçon, d'après ses lettres. Nous sommes de vieux amis... et nous ne nous sommes jamais vus. C'est *épatant*, comme disait le Lamartine que nous récitait l'élève maboul Jodeau en

(L'*Immortalité* : vers 35, page 32, des *Premières méditations*, édition in-12, Hachette, 1900). Hein, ce que je suis calé en bibliographie, et comme je connais mes auteurs !...

Ah ! bon, le soleil maintenant donne en plein sur mon wagon ! Je sens que je serai de bonne humeur malgré tout. Mais, au fait, c'est bien de partir seul comme cela. On nous disait toujours au lycée que les petits Anglais voyageaient facilement seuls. Et moi aussi je voyage seul...

Mais, c'est toujours la même chose cette campagne : des arbres sans feuilles, des ruisseaux débordés, des champs labourés, des volées de corbeaux qui se sauvent au loin, de la neige ; encore de la neige, des champs labourés, encore des champs labourés, puis des pies, encore des corbeaux qui prennent tous leur vol en même temps, encore de la neige, des ruisseaux, des pies, des champs, des bois... Oh ! que c'est bête la campagne !!...

Pour passer le temps, je m'amuse à compter les poteaux télégraphiques ; mais je m'embrouille à la fin, je n'y suis plus. C'est si drôle cette campagne, ces pauvres maisons aux toits couverts de tuiles grises, aux murs non crépis, suant l'humidité. Je n'avais encore rien vu de semblable. Quel contraste avec la belle avenue des Gobelins !!!

Montbard ! Mes souvenirs littéraires me reviennent en foule. Si j'allais présenter mes hommages à la statue de M. de Buffon ? Le temps me manque, cinq minutes d'arrêt seulement. Ça m'a l'air pourtant joli, ce Montbard, avec la tour dominant les environs. C'est dans cette tour, certainement, que l'illustre naturaliste écrivait ses jolies pages sur les *Epoques de la nature*. Mais que c'est vieux tout cela !

Et le train file toujours très vite dans une assez jolie campagne. Des vignes s'étendent, des deux côtés de la voie ferrée, très loin. A l'horizon, des montagnes couvertes de neige, qui sous le soleil paraissent d'un beau rose. De petits chemins, très droits, des canaux bordés de peupliers; mais elle commence à devenir intéressante, pour moi, cette campagne; il y a tout de même trop d'eau un peu partout.

Voici Dijon, Dijon, la patrie de Bossuet! M'en a-t-il fait voir de la misère ce monsieur-là au lycée Flaubert? M. Anacoluthe, notre professeur de rhétorique, ne jurait que par Bossuet, tout comme M. Brunetière. Il ramenait tout son cours à Bossuet. Expliquait-on une page de Tacite, vite, M. Anacoluthe demandait ce qu'en la matière eût pensé l'*Aigle de Meaux* (nous disions, nous, l'aigle de Malheur!). Jacques-Bénigne Bossuet par-ci, Jacques-Bénigne Bossuet par-là, partout Jacques Bénigne Bossuet, toujours lui. Repose en paix maintenant dans le fond d'une vieille malle chez Tante, là-bas, aux Gobelins, et si les souris et les rats du grenier, amoureux de ton papier, te mettent en miettes, ô bouquin si souvent annoté, crayonné, étudié..., tant mieux!

Mais qui donc est encore né à Dijon?

— Eh! garçon, un pot de moutarde!

Le garçon du buffet, interpellé ainsi, se retourne et répond à un gros monsieur :

— Tout à l'heure!

Il a raison, le gros monsieur, il songe à la moutarde, c'est un homme pratique, moi je suis encore trop potache. Eh bien! du coup, je vais me payer, moi aussi, un pot de moutarde, de la moutarde aux fines herbes! Je l'emporterai à Madagascar et je le donnerai à quelque Malgache. Ce sera délicieux, avec du riz.

Et le train à nouveau file toujours très vite dans une vraiment jolie campagne. C'est Beaune, c'est Chagny, c'est Mâcon, dont les seuls noms évoquent le goût de vins exquis. Partout des vignes bien cultivées qui s'étendent à perte de vue. Partout à l'horizon de jolies collines couvertes de neige dont les reflets de lumière, sous le soleil, sont très curieux. Des villages aux maisons coquettes recouvertes d'ardoises, des jardins bien soignés aux allées régulières; et puis, voici la Saône, qui coule à fleur de terre, unie, large, tranquille, bordée de petits arbres aux têtes dénudées. Dans les prairies, quelques bergers regardent le train passer, d'autres s'amusent.

Je ne fais plus attention aux stations, la nuit approche et, dans la brume du soir, tout se confond. Bientôt nous serons à Lyon. Une heure d'arrêt. J'ai pour compagnon de voyage un beau monsieur qui se rend lui aussi à Montélimar. Ce qu'il a été étonné quand je lui ai dit que j'allais seul à Madagascar! Il ne pouvait en croire ses oreilles. Nous causons tous les deux. Il me dit qu'il est Parisien, qu'il habite tout près de Montmartre. Mais je m'y connais, pour un vrai Parisien, ce n'est pas un vrai Parisien. En effet, il finit par me raconter qu'il est né à Montélimar et qu'il est venu jeune à Paris. Oh! alors tout s'explique. N'est pas Parisien qui veut, vous savez! Le vrai Parisien qui est né à Paris, de parents nés à Paris, d'arrière-parents nés à Paris, ce vrai Parisien-là qui a comme sucé, en même temps que le lait de sa nourrice, l'air du boulevard, est un personnage dont on reconnaît de suite l'état civil.

Lyon. C'est la nuit complète, six heures du soir.

« Petit, me dit mon Parisien de Montélimar, allons manger une choucroute chez Joseph... »

J'accepte avec plaisir. Nous arrangeons nos bagages dans un coin du wagon et nous sortons de la gare. Les rues sont malpropres à Lyon ; il a plu pendant la journée, et la boue est épaisse partout. Peu de becs de gaz, il fait presque noir. Ces Lyonnais n'ont donc jamais vu l'avenue de l'Opéra, qu'ils laissent croupir leur ville dans une demi-obscurité ? J'aurais peur de me promener seul, la nuit, dans ces rues noires. Et quel brouillard intense qui vous pénètre la chair et les os !

La brasserie Joseph, tout près de la gare, me fait l'effet d'un bien étrange bâtiment. Une salle unique mais immense, mesurant environ vingt mètres de largeur, trente de profondeur ; peu ou point de décors. Des tables alignées comme dans une caserne. Et des hommes, des femmes qui boivent des bocks et qui causent.

Nous nous mettons à une table. Mon Parisien de Montélimar demande une choucroute, qu'un grand garçon maigre nous apporte presque aussitôt. Pour ça, c'est délicieux, le saucisson de Lyon assaisonné avec des choux bien cuits, et je mange de bon appétit. Mais plus je vais, plus je m'aperçois qu'il n'y a que Paris qui soit vraiment Paris, la ville unique au monde ; ici tout le monde me paraît si singulier, si drôlement habillé ! A une table, pas loin de nous, je vois une petite fillette qui ressemblerait un peu à Suzanne, si elle avait de plus beaux yeux, un profil plus régulier, une toilette plus soignée, si elle était d'une élégance plus raffinée. En réalité, c'est une poupée assez mal fagotée.

L'heure approche du départ du train et nous regagnons notre wagon dans un grouillement de voyageurs et d'employés. Encore trois grandes heures et nous serons à Montélimar. En sortant de Lyon, un air plus frais, un vent plus fort, nous saisissent. Beaucoup de neige. Il fait froid. Vraiment, c'est une surprise que nous réserve cette vallée du Rhône. De temps à autre, nous apercevons le fleuve, coulant vite, tout près de nous. Puis une colline nous sépare. Il réapparaît ensuite, toujours large et d'une blancheur métallique, sous le ciel noir. On l'entend très bien rouler ses galets avec un bruit de tonnerre. Quel voisin tapageur !

Vienne, Valence, Livron se succèdent dans la nuit. Le train stoppe une dernière fois pour nous. C'est Montélimar, la patrie des nougats, tout comme Dijon est celle de la moutarde, Lyon, du saucisson, et nous descendons. Mon voisin m'aide à porter mes bagages. Il me serre la main, ensuite me souhaite bon voyage et me prie de lui écrire quand je serai à Madagascar. Je le lui promets, riant sous cape de son étourderie, car il ne m'a pas dit comment il s'appelle, ni donné son adresse, ce dont je ne suis point fâché. Mais sérieusement, pour un vrai Parisien, ce doit bien être un fameux *brûleur de loups* (1).

Je mets mes bagages à la consigne et avec ma bicyclette je sors de la gare pour me rendre à Marsanne. La veille de mon départ de Paris, j'avais consulté une carte d'état-major de la région et je connais un peu la route, ce me semble. Mais il fait noir et à Montélimar comme à Lyon, il n'y a pas une abondance exagérée de réverbères. On m'indique, à l'hôtel où je descends prendre un bouillon, le chemin à suivre, et je pars. Il est tard, neuf heures et demie. La route est longue, dix-sept kilomètres. D'abord, de la boue,

(1) Nom que l'on donne aux habitants du Dauphiné.

beaucoup de boue et ma bicyclette roule péniblement. Après deux mille mètres ainsi parcourus avec, à tout moment, la crainte de déraper et de s'allonger dans la vase, le chemin apparaît couvert de cailloux. Ça ne va pas mieux. Je mets pied à terre. Une pluie fine tombe du ciel très noir toujours. Quelques arbres au bord de la route ; une voiture, traînée par deux mules qui tirent à droite et à gauche, passe. Et aux alentours, de l'eau qui a débordé des fossés. Le cailloutage cesse et je puis remonter à bicyclette ; mais c'est encore la boue et je cours le risque de tomber à chaque tour de roue, aussi je pédale lentement. Elle est interminable cette route, et désolée ! Mais voici un village, des maisons d'une tristesse repoussante, en pierres sèches, cela sent la pauvreté et la misère. Je me croirais presque en pays étranger. Jamais à Paris ni aux environs je n'ai vu rien d'approchant. Pourtant une habitation d'une meilleure apparence attire mon attention. Je vois de la lumière aux fentes de la porte et je vais y frapper pour avoir des explications sur la route de Marsanne et aussi pour me rafraîchir un tantinet. Je suis pris, en effet, d'une soif ardente et je transpire un peu. On me répond et j'entre. Je devine tout de suite que c'est un café. Dans la salle, à trois ou quatre tables placées autour d'un poêle, des gens endimanchés sont en train de jouer aux cartes sans bruit, sans une parole. Ils boivent, dans de petits verres, quelque chose de jaune. A ma vue un vieillard, lentement, se lève d'entre les joueurs et vient vers moi. Je lui demande de m'indiquer la distance qui me sépare de Marsanne — ce à quoi il me répond de suite — et de me donner un verre de vin.

— Nous n'avons que des cruchons ici, me répond-il.

— Eh bien! donnez-moi un cruchon.

Il s'en va. Les joueurs n'ont pas cessé une seconde leur partie. Sans aucun emballement, muets comme des carpes, ils jouent, ils jouent toujours. Et mon vieux bonhomme ne revient pas. Que diable! où est-il allé chercher son fameux cruchon? Je suis curieux de voir cette bête de cruchon, un objet qu'on ne connaît pas sur le boulevard.

Mais sérieusement, si c'est ça le Midi, le Midi turbulent, le Midi flamboyant aux grands orateurs à la verve puissante!!! Oh! Alphonse Daudet, laisse-moi rire! Oh! Paul Arène! Oh! Roumanille! Oh! Mistral, vous êtes des farceurs!!! Le Midi, mon bon, mais c'est Montmartre! Il y règne une température douce à Montmartre, tandis qu'ici dans cette triste vallée du Rhône, mais le vent est glacé! J'en étais là de mes réflexions lorsque le vieux bonhomme entre avec, à la main, un cruchon et un verre. — Un cruchon, c'est-à-dire une bouteille en grès. Il le débouche et remplit mon verre d'un petit vin clairet que je trouve délicieux. Comme j'ai encore dix kilomètres à parcourir, je ne m'attarde pas davantage, je paie et je sors. Décidément la course à bicyclette devient impossible dans ce Midi : la route est montante et le vent souffle, avec violence, en plein dans le nez. Après cinq kilomètres faits ainsi non sans peine, la neige, disparue à Montélimar, réapparaît et, cette fois, très épaisse, balayée par le vent et amoncelée dans la vallée au bas des montagnes dont la cime toute blanche éclaire presque le paysage. Ma bicyclette roule là-dessus en produisant un petit craquement sec, roule difficilement et je ne peux plus continuer. Force m'est de marcher encore, de marcher maintenant les pieds dans la neige. Ce n'est pas ce que, jusque-là, j'ai trouvé de plus gai dans la vie. Et il semblerait que Marsanne s'éloigne toujours, toujours caché derrière les rudes contreforts des Alpes du Dauphiné.

11 heures et demie.

Un clocher paraît au-dessus de la neige. J'aperçois aussi quelques toits, quelques vieilles tours carrées. Ce doit être Marsanne, c'est Marsanne, en effet. Mon correspondant du lycée habite à l'entrée du bourg, chez son père, directeur de l'École communale. Et tout de suite je reconnais l'habitation que j'ai vue en photographie. Il y a de la lumière encore aux fenêtres. On m'attend. Quelle joie ! Se trouver en famille, dans une famille si éloignée, dont le fils a été, sans vous connaître, votre meilleur confident pendant les longues années de classe. On s'embrasse, on se serre la main, vite on se restaure un peu et, comme il fait tard, on remet au lendemain la causerie et on se sépare pour dormir ! Bonne nuit à tous ! Mentalement, j'envoie le meilleur souhait à Tante et à Suzanne.

23 décembre, matin.

On frappe à ma porte. C'est Henri qui a hâte de venir causer. Henri, le lycéen du lycée Maximilien Carnaud, de Marseille, mince et maigre et qui, dans ses lettres dont l'écriture était forte et régulière, me faisait l'effet d'un gros garçon bien gras et bien tranquille. Et nous causons. Puis, je me lève. Par la fenêtre de ma chambre je vois peu de chose : l'horizon à deux cents mètres est borné par une montagne blanche de neige. Dans la salle à manger, c'est différent, la vue s'étend à dix ou douze kilomètres dans la vallée.

Une route coupe en deux cette vallée et va se perdre tout droit dans la montagne en face. Un petit cours d'eau, quelques champs cultivés, des mûriers, des oliviers, des amandiers, un village, paraissent semés çà et là, dans cette plaine entre les monts du Dauphiné. Marsanne est construit comme un nid d'aigle sur les flancs de la montagne. Il y fait froid ! froid ! C'est épouvantable !

Lettre à Suzanne.

Lundi.

Facteur ! Facteur ! et quand ce cri aura, demain, retenti longuement dans la cage de l'escalier, vous vous direz, ta maman, toi et Tante : c'est du Gust. Oui, c'est moi qui vous reviens sur un petit bout de papier en lignes très fines. Bonjour, petite famille aimée, un gros baiser à la cantonade. Et puis, voici, toutes fraîches, les dernières nouvelles :

Bon voyage, santé parfaite, mais froid sibérien dans ce Midi. Oh ! ça, c'est la grande question du jour. Mes hôtes, d'une extrême gentillesse, sont au désespoir parce qu'il y a de la neige partout aujourd'hui et parce qu'il ne fait pas précisément chaud chez eux.

Ils me disent : Nous n'avions jamais vu pareille chose. Quel dommage que votre voyage coïncide avec une température si exceptionnelle ! Notre pays qui est si beau d'ordinaire, si lumineux ! Quelle misère ! Je leur offre mes condoléances. Je leur dis que le bon Dieu leur a joué un mauvais tour à cause de moi, et tout se termine par des rires sonores..., mais qui n'ont pas la sonorité des tiens, Suzanne, fusant et roulant des perles comme un babil de merle. Je repars ce soir, à huit heures quarante, pour Marseille, où j'arriverai cette nuit. Vous aurez encore de mes nouvelles avant mon départ pour les colonies. Mercredi, je vous enverrai un mot.

Bonsoir à vous trois que j'aime tendrement.

Gust.

Montélimar, 8 heures, soir.

Beau temps, je me promène seul dans le jardin public qui se trouve devant la gare. Très coquet ce jardin public ; et quel calme aussi dans cette petite ville de Montélimar, célèbre par ses nougats. J'en ai mangé quelques-uns ce soir et ils étaient délicieux. Mais à Paris, dans notre confiserie de prédilection, rue de Castiglione, ils n'étaient pas plus mauvais, les nougats !

Le temps passe, l'heure de l'express approche. Je rejoins la gare. Vingt minutes après, le train roule vers Marseille. Par la portière, je vois, de moment en moment, le Rhône, très large, lequel semble avoir débordé ; et derrière, dans l'ombre, faisant une ombre encore plus épaisse, la montagne des Cévennes qui le suit, qui lui sert de rempart. Orange, Avignon, Arles, puis Marseille. Il est minuit. Je ne verrai pas la Cannebière ce soir. Ce qui m'en console, c'est que je vais tout de même bien dormir, car je suis un peu fatigué. L'omnibus m'attend. Dans cinq minutes, je serai à l'hôtel ; dans une heure je reposerai du sommeil du juste, dans la cité, ô Phocée !

MARSEILLE, vue de Notre-Dame-de-la-Garde.

CHAPITRE III

MARSEILLE. — LE DÉPART

Marseille, très surfaite par les Marseillais, qui considèrent leur cité comme la première du monde, est une ville assez peu curieuse. Sa fameuse Cannebière n'a rien d'extraordinaire. En revanche, la belle promenade du Prado, couverte par les branches nombreuses de grands arbres; ses allées de Meilhan, la Corniche, sont d'un aspect agréable, et, dans leur pittoresque décor, ont un charme tout spécial. Quant à la mer, à Marseille, c'est peu de chose. Tant de mouvements divers dans les rues, de si nombreux bateaux de toutes dimensions dans les bassins, font négliger la mer, la mer qu'on ne pourrait d'ailleurs entrevoir, au lointain dans sa beauté, que du haut de Notre-Dame de la Garde, construite sur un rocher élevé dominant le vieux port.

Très amusant, le vieux port avec ses embarcations sans nombre, véritables escadres de pêche, dont les quais sont encombrés de toiles qu'on répare, de filets que des mains lestes recousent, et de vieux loups de mer, au visage hâlé par le vent du large, très droits, la poitrine bombée, marchant l'air crâne. La Cannebière arrive jusque-là, large rue mais peu longue, bordée de grandes maisons, hôtels, cafés de luxe. La rue de Nouailles, qui continue la Cannebière, beaucoup plus étendue plaît davantage. Mais que tout cela est loin d'approcher de l'avenue du Trocadéro !

Gust, le lendemain de son arrivée à Marseille, se rendit de bon matin au bureau du Service Colonial, boulevard des Dunes, où il devait retirer sa réquisition pour bénéficier de la remise que l'État accorde aux colons, qui s'en vont aux colonies, sur le prix de leur passage. Des bureaux sombres, surchauffés tellement que la chaleur y rendait impossible un séjour assez prolongé et qu'il dut ressortir plusieurs fois, descendre sur le boulevard y prendre l'air. Et il se disait en lui-même que, si à Madagascar la température était à ce point pénible à supporter, jamais il ne pourrait s'y acclimater.

Après de longues recherches, des pauses dans diverses salles, on lui remit sa réquisition et il la porta de suite au siège de la compagnie des *Sabots Maritimes*, rue de la Cannebière, où on lui délivra un billet de 2e classe. Il ne lui restait plus qu'à faire transporter ses bagages à bord, mais il avait le temps, le navire ne partant que le lendemain à quatre heures de l'après-midi. Il préféra se promener un peu, se familiariser avec Marseille, la seconde ville de France, *mon bon,* quoi qu'en pense tout Marseillais qui se respecte. Il suivit les trottoirs de la rue Colbert, visita les quais, et passa pour ainsi dire en revue tous les gros navires adossés au quai de la Fraternité. Une affiche attira son attention, comme il passait place Gambetta, devant l'hôtel des postes et télégraphes : le soir, au grand théâtre, on jouait la *Samaritaine*. Bien qu'il eût déjà assisté à plusieurs représentations de cette pièce à Paris, il se décida sur-le-champ d'y aller encore une fois, pour passer le temps.

Journal de Gust.

La salle est vaste — c'est étonnant — mais sans décor de goût, dans ce grand théâtre de Marseille. Et on a joué la *Samaritaine*. J'ai pu faire des comparaisons. A Paris, au théâtre de la Renaissance, c'était bien supérieur. Public plus select. Acteurs... je n'insiste pas. A vrai dire, je ne me suis pas amusé. La scène où Photine, revenant du puits de Jacob, explique au peuple la morale du Christ, m'a seule intéressé; cela ne pouvait manquer d'ailleurs, Suzanne et moi, ne l'avions-nous pas apprise de mémoire après une audition? Je revois encore l'actrice s'exprimant, de sa voix charmante, avec un geste sympathique :

Il dit encore :
Soyez doux. Comprenez. Admettez. Souriez.
Ayez le regard bon. Ce que vous voudriez
Qu'on vous fît, que ce soit ce qu'aux autres vous faites :
Voilà toute la loi, voilà tous les prophètes!
Envoyez votre cœur souffrir dans tous les maux !...
Enfin, que sais-je, moi! des mots nouveaux! des mots
Parmi lesquels un mot revient, toujours le même :
« Amour.... amour.... aimer!... Le ciel, c'est quand on aime.
Pour être aimés du Père, aimez votre prochain.
Donnez tout par amour! Partagez votre pain
Avec l'ami qui vient la nuit et le demande.
Si vous vous souvenez, en faisant votre offrande,
Que votre frère a quelque chose contre vous,
Sortez, et ne venez vous remettre à genoux
Qu'ayant, la paix conclue, embrassé votre frère....
D'ailleurs, un tel amour, c'est encor la misère.
Aimer son frère est bien, mais un païen le peut.
Si vous n'aimez que ceux qui vous aiment, c'est peu :
Aimez qui vous opprime et qui vous fait insulte!
Septante fois sept fois pardonnez! C'est mon culte
D'aimer celui qui veut décourager l'amour.
S'il vous bat, ne criez pas contre, priez pour.

S'il vous prend un manteau, donnez-lui deux tuniques.
Aimez tous les ingrats comme des fils uniques.
Aimez vos ennemis, vous serez mes amis.
Aimez beaucoup, pour qu'il vous soit beaucoup remis.
Aimez encore. Aimez toujours. Aimez quand même.
Aimez-vous bien les uns les autres. Quand on aime,
Il faut sacrifier sa vie à son amour....
. . . .

La scène est très belle, assurément; mais comme je crains de m'en aller sur une mauvaise impression, tellement les acteurs sont... drôles, je quitte la salle de suite, n'attendant pas la fin. Au dehors, l'air calme de la nuit est bon à respirer. Le voisinage de la mer adoucit la température que je trouvais si excessive à Marsanne.

Je me promène un peu. Des sons de cloches m'arrivent de toutes parts, et je pense en effet que c'est ce soir la veille de Noël, que dans les églises on s'apprête à célébrer la messe de Minuit. Et de suite un regret me vient de n'être pas encore à Paris, de ne pouvoir, comme les années précédentes, assister avec Tante et Suzanne à la solennité de cette veillée de Noël, à Notre-Dame.

Je mets, une fois arrivé dans ma chambre d'hôtel, mon journal sous enveloppe. Je l'expédierai demain à Paris.

25 décembre, après-midi.

Depuis une heure je suis installé sur le *Roi des Radis*, paquebot poste de la *Compagnie des Sabots Maritimes*, qui part ce soir à destination de Tamatave, la Réunion et Maurice.

Les passagers arrivent, accompagnés pour la plupart de parents ou d'amis. Chacun se case, comme il peut, dans les cabines que le commissaire indique en retirant les billets de passage.

Je me promène sur le pont. Tout le monde y vient respirer l'air. Des groupes se forment, les uns causent, d'autres marchent deux à deux. Sur les quais, il y a foule. On attend le départ du navire. Tout de même, je me sens un peu dépaysé là-dessus. Aucun visage ne me sourit. Ce ne sont partout qu'inconnus et qu'inconnues pour moi. Je m'accoude à la lisse et regarde vaguement les gens qui entrent et ressortent par la coupée des premières, sur les pontons. Le commandant, quatre heures venant de sonner, donne des ordres pour partir. Quelques coups de sifflets se font entendre. Les maîtres d'hôtel du bord font tinter les sonnettes, invitant les curieux à quitter le *Roi des Radis*. Tout à coup un petit porteur de télégrammes passe sur le pont, et le commissaire, à qui il s'adresse, me l'envoie. Quelle surprise ! Qu'y a-t-il ?

J'ouvre rapidement la dépêche qu'il me remet et je lis :

« *Bon voyage. Amitiés.* »

SUZANNE ET TANTE.

Ce n'est rien cela, ce télégramme, mais il m'a causé une émotion très grande. Il m'a semblé qu'une parcelle de ce que j'aime, de ce que je laisse en France me parvenait juste au moment où j'allais quitter cette terre natale si douce au cœur, si belle aux yeux, comme dit le poète. Et précieusement j'ai glissé le petit bleu dans mon portefeuille, et, accoudé de nouveau au bastingage, je ne vois plus personne, je rêve. Mais les poulies grincent, les treuils font entendre une musique stridente à laquelle continuent de se mêler les sifflets des commandants de manœuvre. Et la sirène, à son tour, domine de ses sons rauques le concert occasionné par les préparatifs de la partance pour des ailleurs lointains et mystérieux.

Nous partons. Nous sommes partis. Lentement Marseille étale sous nos yeux ses plus beaux monuments. La Bourse, la cathédrale, les Catalans, la Corniche peu à peu s'éloignent dans l'horizon qui se remplit de brume. Et la pluie, au sortir des bassins, après avoir passé non loin des îles Pomègues, Ratonneau et le fameux château d'If, se met à tomber violemment, dans le vent qui vient de se lever et souffle avec force. Le navire commence à danser. Étrange physionomie que celle d'un vaisseau ainsi lancé au milieu de la mer : un à un, les passagers descendent dans leurs cabines, gênés par le tangage qui devient très fort. Je reste seul sur le pont et je regarde avec des yeux curieux toutes choses : les toiles tendues au-dessus de ma tête et qui abritent de la pluie ici, plus loin, du soleil surtout, me semble-t-il ; les roofs aux persiennes rabattues, aux grillages de cuivre bien reluisants, frais astiqués ; l'appartement du commandant, qui partage le pont en deux parties à peu près égales et donne dessus de plein pied.

Maintenant, dans le lointain, la terre de France n'est plus qu'une brume, qu'une imperceptible ligne sinueuse qui tout à l'heure aura complètement disparu. Analyser les sensations que j'éprouve en ce moment, je ne le puis. Mon imagination vagabonde me ramène sans cesse à Paris, dans ce grand Paris ; c'est au Palais-Royal, dans les vastes salles du musée du Louvre, au jardin des Tuileries, dans celui du Luxembourg que je me promène. Par moment, le navire sur lequel j'ai peine à maintenir l'équilibre, n'existe pas pour moi. Trop de choses accaparent mon esprit. Mon âme est tendue par de multiples souvenirs. Ma tante, seule désormais dans son petit logement des Gobelins, va trouver les jours bien longs ! Suzanne, Dieu merci, ira, comme par le passé, lui tenir compagnie, et sa mère aussi. Pauvre vieille tante, si

LES CATALANS, A MARSEILLE.

âgée, si courbée, je ne la reverrai sans doute jamais plus. Dans sept ou huit ans d'ici, quand je pourrai revenir en France, ainsi que me le fait entrevoir Tonton Louis, elle sera déjà loin dans le passé. Oh! cela, c'est bien l'épouvante qui prend au cœur, lorsque l'on part pour de longs voyages ! Quitter des êtres qui nous sont chers avec la quasi-certitude que le baiser d'adieu est définitif, qu'on ne reverra jamais leurs visages aimés, n'est-ce pas une des angoisses les plus terribles qu'il soit donné à l'homme d'éprouver !

Je m'aperçois que je roule des pensées tristes, ce soir pluvieux et sombre, mon premier jour passé à bord d'un grand bâtiment. Allons, si je descendais voir ce qui se discute au salon.

C'est singulier comme le commandant et le commissaire qui circulent sur le pont me regardent d'un air curieux! Qu'y a-t-il donc? Ah! je devine. C'est parce que je suis resté seul à me promener, que je n'ai pas l'air de m'apercevoir que nous avons, comme disent les matelots, *une mauvaise mer*.

Au salon de deuxième, ce n'est pas follement joyeux. Les nappes sont mises sur les tables et des cordes sont tendues d'un bout à l'autre pour tenir les assiettes et les verres. On appelle cela, ces cordes, des violons. Et quand on met des violons, explique un gros monsieur, habitué au roulis et au tangage, ce n'est pas précisément signe de beau temps. Ce gros monsieur cause avec le maître d'hôtel, il est le seul passager de deuxième que j'aperçoive.

Je rentre dans ma cabine où j'ai un compagnon, quelqu'un d'étendu tout habillé sur sa couchette. Je lui dis : Bonsoir, monsieur. Il ne me répond pas. Je m'assieds sur un pliant et m'amuse à faire une inspection sérieuse de ma cabine pour passer le temps, en attendant le dîner.

Que c'est étroit cette cabine! deux couchettes très peu larges sont placées de chaque côté, l'une au-dessus de l'autre. Dans la couchette supérieure on grimpe avec une échelle. Pour n'avoir pas à me servir de l'échelle, j'ai choisi la couchette inférieure de droite. Le hublot et le sabord sont fermés. Au plafond, des ceintures de sauvetage en liège sont pendues. Ma cantine est sous ma couchette et j'en ai retiré deux ou trois bouquins pour lire après dîner. Tout est bien installé : occupant le moins de place possible, chaque objet est soigneusement fixé, consolidé dans la crainte des mouvements brusques du tangage ou du roulis.

Je mets mes ustensiles de toilette : brosse, peigne, ciseau. dans un petit tiroir au-dessous de la carafe d'eau douce près du lavabo et, je prends toutes mes dispositions pour bien dormir. Brusquement mon compagnon de cabine se retourne vers moi et, d'une voix pâteuse qui sent le vin et les rudes libations d'eau-de-vie, me crie :

Le pot, le pot !

Je n'ai pas le temps de lui demander quel pot il désire, qu'un torrent de matière grise, jaune, fétide, sort de sa bouche et m'inonde peu agréablement les jambes. Je comprends alors et, ouvrant une petite boîte accrochée à la cloison au pied de la couchette, je mets à sa disposition un *instrument*, qu'au lycée Flaubert on appelait un *jules* ou quelquefois encore un *thomas*.

Un peu d'eau pour me nettoyer et je gagne le salon, ne désirant pas m'exposer de nouveau à subir tant de.... Mais passons. La clochette est agitée fortement. Le dîner est servi. Le maître d'hôtel me montre ma place. Il y a quarante couverts, à peu près. Le gros monsieur de tout à l'heure vient s'asseoir en face de moi et nous dînons seuls ! Tous les autres passagers sont malades. A travers les cloisons de leurs cabines on entend des vomissements formidables. C'est tantôt d'un côté, tantôt de l'autre. Quelle musique ! Je trouve cela *rigolo* ! Le gros monsieur aussi trouve cela *rigolo*. Il me dit :

— Vous avez été mousse autrefois, vous connaissez la mer ?

— Non, lui ai-je répondu, je suis né à Montmartre. J'ai fait plusieurs fois l'ascension de la tour Saint-Jacques et de Notre-Dame ; je suis monté, un jour, au troisième étage de la tour Eiffel : ce sont là tous mes voyages dans l'espace... et je n'ai jamais eu le mal de mer !

CHAPITRE IV

LE ROI DES RADIS

Les vagues murmurent, les mouettes croassent, de vieux souvenirs me saisissent, des rêves oubliés, des images éteintes, me reviennent, tristement et doucement.

(HENRI HEINE.)

Sa Majesté *le Roi des Radis* est un des navires les plus anciennement construits de la *Compagnie des Sabots Maritimes.* Il dut être lancé vers 1866.

A cette époque, c'était évidemment un bâtiment rare, mais depuis.... Réparé par-ci, réparé par-là, *le Roi des Radis* s'est rajeuni bien des fois de nouvelles pièces, de nouveaux blindages, de nouvelles machines et surtout de nouvelles peintures depuis les temps lointains de sa première jeunesse. Cependant il tient encore bien la mer, assurent les matelots qui souhaitent toutefois ne jamais rencontrer sur leur route le plus inoffensif cyclone, persuadés que *Sa Majesté* ne résisterait pas longtemps. C'est presque une ville flottante que ce navire portant avec lui, outre l'équipage et les passagers, tout un chargement de provisions de toutes sortes.

Fragments du journal de Gust.

26 décembre.

Le matin, déjeuner rapide, à six heures, d'une tasse de chocolat, bain à l'eau chaude, douche complète, et puis je monte sur le pont prendre un peu l'air. Au sud, on aperçoit dans la brume comme un gros nuage sombre, c'est le cap Corse. La mer a été si mauvaise cette nuit qu'au lieu de suivre la route ordinaire, on a longé la côte d'Italie et on passera bientôt au nord de la Corse. Moi qui me réjouissais à la pensée de voir les *bouches* pittoresques de Bonifacio, entre la Corse et la Sardaigne ! Voilà ce que c'est que d'avoir une grosse mer ! Tant pis ! Plusieurs passagers de première arrivent sur le pont et me causent. On fait vite connaissance quand on est sur un bateau. Eux aussi, ils comptaient voir Bonifacio. Et l'un dit :

C'est étrange, j'ai beau regarder dans ma jumelle, je vois bien, au sud, la Sardaigne, mais je ne distingue pas la Corse, au nord.

— Je le crois bien.

Le commandant nous surprend à discuter et nous explique que cette nuit, par suite du vent, il a dû abandonner la ligne ordinaire et passer au cap Corse. Et maintenant des uns aux autres sur le pont ce ne sont plus que ces cris : Vous savez :

C'est le cap Corse !

Le cap Corse ?

Et Bonifacio ? Quelle blague !

Les uns ne veulent pas se rendre à l'évidence. On parie. Et cette presque incertitude dure jusqu'à dix heures. Je suis bien surpris, moi, que l'on attache autant d'importance à si peu de chose.

A neuf heures et demie, nous doublons le cap Corse, le sémaphore fait des signaux auxquels notre *Roi des Radis* répond. Cette vue rapide que nous avons eue de la Corse m'a beaucoup intéressée. C'était, sous le soleil, une terre couverte d'une petite

PAQUEBOT POSTE « LE ROI DES RADIS ».

herbe verte, mamelonnée, avec, dans les vallées de montagnes roses, quelques villages aux maisons bien blanches. Puis ensuite l'île Cabrera, l'île d'Elbe, l'île de Monte-Cristo, qui surnagent comme des débris abandonnés au-dessus de l'azur de la Méditerranée. Elles me rappellent des souvenirs nombreux ces îles, des lectures faites là-bas à Paris, en cachette, pendant les soirs d'étude au lycée. Et la mer qui nous entoure maintenant de toute part est si bleue, si claire, si jolie !!

Tout est devenu soudainement calme et le navire glisse sur une mer d'huile.

Ah ! les voilà qui sortent, les malades atteints hier du mal de mer ; ils sont bien plus nombreux que je ne le pensais. Il y a des dames, des enfants, des messieurs très graves... et tout cela s'agite sur le pont, ouvre des yeux éblouis. Mais la Corse, mais Cabrera, mais l'île d'Elbe, disparaissent peu à peu à l'horizon, et Monte-Cristo n'est plus qu'une brume, et l'heure du déjeuner sonne des coups précipités sous l'impulsion vigoureuse du maître d'hôtel. Table presque complète cette fois. En face de moi, un curé, un curé gros et gras, qui raconte son retour à la Réunion.

D'abord hésitante, la conversation finit par s'animer et tout le monde y prend part.

Lettre à Suzanne

(*Pour être lue à tante*).

27 décembre.

Nous sommes en face des côtés d'Italie et de Naples, que nous devinons au loin sous des nuages roses, mais que nous ne voyons pa. Je vais en profiter pour vous présenter ces messieurs et ces dames du bord. On ne peut causer que de ce que l'on voit, n'est-ce pas?

Je vous présente d'abord..., M. Cosinus? Oui, je dis bien, M. Cosinus, professeur de mathématiques au lycée Leconte de Lisle, qui se rend à la Réunion. M. Cosinus, quarante-cinq ans, toujours frais rasé, pas bien grand, pas bien gros, porte constamment un gros bouquin de mathématiques sous le bras et, assis, sur le pont, crayonne sans trêve son vieux bouquin de mathématiques. Il est flanqué de Mme Cosinus, une grosse dame, grassouillette, qui fait d'interminables sommes, assise dans sa chaise longue, pendant que M. Cosinus crayonne son vieux bouquin de mathématiques.

Je vous présente M. l'abbé Dunoir, ventru comme maître Blazius de la comédie de Musset, chaussé de souliers qui ont bien cinquante centimètres de long, coiffé d'un casque champignon bien grotesque — cependant que le soleil ne soit pas à redouter dans la Méditerranée. Il lit son bréviaire le matin, il joue aux dominos le tantôt, et, aux repas, mange comme un affamé.

Je vous présente M. Pâcolonpourunliar, d'origine étrangère, naturalisé français, grand personnage au visage glabre, prétentieux, connaissant tout, ayant tout vu, insupportable en conversation. Il retourne à Madagascar. Oh! il n'a fait que de bonnes spéculations et réalisé de gros bénéfices. Tout le monde le fuit à bord.

Je vous présente M. Lirige, conducteur de travaux particuliers, gros et gras (c'est singulier ce que l'air des colonies fait maigrir!), qui rentre à Tananarive ou à Tamatave, à moins qu'il ne s'arrête en route, mais qui sûrement ne sait pas plus où il va que les nombreux crachats qu'il lance, à la vitesse de cinq par minute, autour de lui, à table, sur le pont ou dans sa cabine.

Je vous présente..., mais au fait, comme disait Corneille,

Le reste ne vaut pas l'honneur d'être nommé.

Je ne veux pas dire, par là, qu'ils soient perdus de dettes et de crimes, mais seulement pour aujourd'hui... j'ai fait assez de présentations. Pourtant je sens le besoin de vous dire un mot des passagers de première. Ce sont pour la plupart des officiers. Il y a aussi un Anglais, ses enfants et sa femme.

J'avoue pourtant ne pas trouver l'humanité, entrevue sur le pont d'un grand navire, extraordinairement intéressante. Il me paraîtrait même que la promiscuité forcée dans laquelle on vit, à bord, découvre avec moins d'hypocrisie tout ce qu'il y a de mauvais et de bas chez l'homme... et chez la femme. Mais je ne suis pas un moraliste, je confesse ne pas les aimer beaucoup même ces bons moralistes, dont l'étude des doctrines me fut toujours si pénible au lycée, seulement, je constate un fait et vous savez combien j'aime à faire des constatations!

Il y a aussi une dame fort gentille, en première; elle rejoint, seule avec son fils, son mari, administrateur à Madagascar. Son fils est âgé de seize ans, il sort du lycée Louis le Gros et va continuer ses études à celui de Leconte de Lisle, à la Réunion. Nous sommes deux amis. Comme j'ai l'avantage sur lui, bien que plus jeune, de posséder mon *bachot*, il me considère un peu trop sérieusement et ce matin même, sans doute pour cette raison, il ne voulait pas jouer à *saute mouton* avec moi dans la batterie. Oh! je vais l'apprivoiser! Pour un Parisien qu'il se dit être, il me fait singulièrement l'effet d'un petit Breton qui n'a respiré qu'un moment l'air de la capitale.

Ah! voilà, il m'a raconté son histoire. Il n'avait pas de correspondant à Paris et ne sortait jamais autrement qu'en promenade surveillée. Le malheureux! il n'a connu de mon grand Paris que la moisissure des murs du *bahut* universitaire! Ce que je le plains! Moi, qui passais agréablement mes après-midi du dimanche avec vous Tante, avec vous Suzanne, dans l'éblouissante beauté printanière du Luxembourg ou dans les ors brunis du jardin des Tuileries, en automne!!!

Un gros baiser.

On vient me demander d'aller voir, sur le pont, l'île Stromboli, un rocher noir au bas duquel, dans une jolie vallée verte, paraît un champ de macaroni en fleurs. Oh! ce champ de macaroni en fleurs! — une invention de M. Dunoir, qui plaisante à ses heures, — me trotte par la tête et adieu, Tante aimée, adieu, Suzanne, adieu, maman, je reprendrai ma lettre plus tard; mais, pour le moment, je cours regarder ce beau champ de macaroni fleuri!!!

*
* *

Le *Roi des Radis*, majestueux, comme un roi, continue de glisser sur les flots avec, au gaillard d'arrière, toujours le même bruit de gargarisme de l'hélice, laissant sur la mer une grande traînée blanche d'écumes. En avant, la terre d'Italie paraît à l'est,

REGGIO ET LE DÉTROIT DE MESSINE.

et, au sud, les montagnes de la Sicile. Messine, la jolie ville tant chantée par les poètes, n'est pas éloignée. Quelques milles encore à parcourir et dans une heure environ le détroit montrera ses deux rives dans toute leur splendeur verte, sous le coucher du soleil !

C'est, en effet, un spectacle très curieux que ce passage du détroit de Messine réserve aux passagers qui viennent de France aux mois d'hiver. En France : à une journée et demie de là, tout est mort dans la nature. Aucune végétation n'accuse des teintes trop verdoyantes. Ici, tout change, que l'on envisage la côte italienne, avec Reggio qui étale au bord de la mer ses jolies petites maisons riantes, ou que l'on examine Messine qui, paresseusement, semble reposer sous ses oliviers, on ne voit que verdure ; du bas jusqu'au sommet des montagnes, la verdure couvre tout ; à peine si par endroits l'on aperçoit quelques toits blancs d'habitations échelonnées sur les pentes des collines, dans le creux de la montagne.

La nuit vient. L'on dîne, l'on bavarde un moment sur le pont en attendant le *thé de neuf heures*, puis l'on se couche.

Demain sera, comme aujourd'hui, fait de manger, de bavardage et de sommeil.

Quelle existence désœuvrée ! Pendant trois jours, ce ne sera plus que la mer, toujours la mer avec son grand cercle bleu nous enserrant. Et pendant trois jours, les seules occupations des passagers seront toujours de déjeuner, de dîner, de prendre du thé et de dormir convenablement. Quelques-uns s'amusent à jouer aux cartes pour boire quelques apéritifs. D'autres font d'interminables promenades, deux à deux, sur le pont, et pendant ce temps M. Cosinus crayonne son vieux bouquin de mathématiques.

Le *Roi des Radis*, d'une marche insensible aux passagers mais continue, poursuit sa route vers la terre d'Égypte, vers Port-Saïd, sous un ciel lumineux très étrange.

28 décembre.

Toujours le grand cercle bleu à l'horizon. La mer et le ciel se confondent en une ligne presque indécise. De gros nuages se promènent au-dessus de nos têtes. Les vagues se brisent avec un bruit de vieille ferraille sur les flancs du navire. Nous dansons un peu au large de l'Adriatique et aucune côte ne nous abrite. Plusieurs passagers ont le mal de mer. Ils disparaissent les uns après les autres dans les cabines. Tant mieux, nous allons circuler plus librement sur le pont.

Dix heures : déjeuner; midi : le point : situation exacte du navire, distance à parcourir pour arriver à Port-Saïd ; quatre heures : thé ; six heures : dîner ; neuf heures : thé ; et après, coucher. Est-ce régulier, monotone !

Quel accablement ! Rien, ne pouvoir rien faire ! Point encore habitué à la mer, bien que je n'éprouve pas les vomissements pénibles de mes compagnons de route, je ne puis me livrer à un travail qui demande un tant soit peu d'attention. Je ne puis rien faire, pas même lire. Il m'est également impossible de penser avec suite, avec précision, à quelque chose. Je me sens incapable d'étudier mentalement, comme en France cela m'arrivait souvent, une question quelconque. Je suis réduit au rôle passif d'un bon animal à l'engrais.

Ces messieurs qui sont avec moi se plaignent de même, et je suppose que M. l'abbé Dunoir doit, le matin en lisant son bréviaire, passer des pages entières pour avoir plus tôt fini. Je ne serais pas éloigné de croire, en outre, que M. le professeur Cosinus sommeille souvent aux heures de la méridienne sur son vieux bouquin de mathématiques.

29 décembre.

Même programme qu'hier. Répétition générale. Avec, à l'orchestre, une mer plus mauvaise. De grosses vagues qui roulent nous ballottent durement. Sur le pont, M. Cosinus est absent, M. l'abbé Dunoir manque également.

Comique tout à fait le déjeuner. Je suis seul à table, et trois garçons pour me servir.

Mon ami Jean, le fils de la dame de première, est guéri du mal de mer qu'il a eu hier, et nous passons la journée ensemble. Nous causons. Sa maman est malade et nous ne la voyons que le soir. Il étudie encore son anglais et je lui fais réciter sa leçon puisqu'il me réclame ce service.

Assis dans nos chaises longues, nous continuons le lycée, mais un lycée extraordinairement cocasse. Voici un échantillon de nos cours auxquels, invariablement, assiste M. Pâcolonpourunliar qui y prend, d'ailleurs, un plaisir extrême :

Récitation d'anglais :

Moi.	*Lui.*
Fer,	Iron.
Gendarme,	Miaramila

Vivement je reprends.

— Non. Ce n'est pas cela.

Et M. Pâcolonpourunliar d'ajouter :

— Mais c'est du malgache !

En effet, mon ami Jean apprend de front le malgache et l'anglais, que sa mère lui fait réciter, un livre à la main.

Et de temps en temps il traduit ainsi le mot français par un mot connu des indigènes de Madagascar, mais point du tout familier à *ceux* de London, et cela nous fournit l'occasion de rire de bon cœur.

Puis la leçon reprend, un incident vite survient et les rires éclatent de plus belle.

Parfois, au loin, un bateau est signalé, et nous courons voir, faire des saluts, si l'on peut nous distinguer.

On s'arrête à tout, on cause de tout. Je crois que c'est de cette manière-là, à bâtons *bien* rompus, que *le père* Pestalozzi entendait faire l'instruction des enfants. Que les maîtres d'aujourd'hui, qui se récalment tant de Pestalozzi, devraient bien mettre en pratique de si sages préceptes ! ! ! Pour le coup, je ne saurais pas encore distinguer mes lettres, mais, en revanche, quelles heures délicieuses de flânerie j'aurais pu passer bien tranquillement ! ! !

Récitation de malgache.

Cela va me permettre d'apprendre un peu le malgache aussi, moi.

Et ce que j'en aurai besoin là-bas ! j'ai vraiment une chance inespérée !

En arrivant à Madagascar je surprendrai mon tonton Louis. Mais voici l'exercice auquel mon petit ami Jean et moi nous nous livrons :

Moi.	*Lui.*
Heure,	Ora.
Lac,	Farihy.
Papier,	Paper.

Mais non, mais non. Cette fois c'est de l'anglais, s'exclame M. Pâcolonpourunliar, et nous rions. Je rectifie, et la leçon continue :

Dieu, God.

Mais non, encore non. M. Pâcolonpourunliar rigole comme une baleine (Alphonse Allais *dixit*), je rectifie de nouveau.

Récitation de français.

Lui, me tendant son livre : Maman m'a donné *Roland à Roncevaux*.

— *Moi* : Oh c'est vieux, bien connu, je l'ai appris autrefois comme punition pour avoir versé dans le cou d'un camarade gommeux du lycée Flaubert, camarade qui portait de belles chemises bien empesées, le contenu de mon encrier, et je marmonne :

J'aime le son du cor, le soir, au fond des bois.

Mais voyons. Et l'ami Jean se met à réciter, comme une machine à tisser la soie fonctionne, avec une régularité surprenante.

— Non, mon excellent ami ne passera jamais pour être l'inventeur des signes de ponctuation. Il ne connaît pas ça. M. Pacolonpourunliar continue de rigoler comme une baleine. Je me sers toujours de l'expression d'Alphonse Allais.

J'aime le fond des bois, le soir, au son du cor.

Je l'interromps bien vite pour lui demander :

Qui a dit cela ?

— Il répond : Alfred de Vigny.

— Jamais. Jamais ! Et une discussion longue suit. Explications sur explications, rien ne peut convaincre mon ami Jean. Je lui rends son livre. Il lit très bien :

J'aime le son du cor, le soir, au fond des bois.

Il me remet le livre et je lui demande de continuer. Il reprend d'une voix parfaitement sûre, sans aucune hésitation :

J'aime au fond des bois, le soir, le son du cor.

Ah ! non, vous avez décidément le diable au corps, vous, d'*aimer au fond des bois le son du cor ;* mais vous n'avez pas du tout l'oreille musicale, car vous sentiriez combien les sons que vous heurtez dans votre vers fantaisiste sont pénibles à entendre ! Alfred de Vigny a dû en tressaillir d'horreur dans sa tombe ! ! !...

A l'horizon, un gros nuage paraît reposer sur la mer, un gros nuage noir. Les marins, habitués à scruter les lointains sombres de leurs regards pénétrants, nous disent que ce gros nuage noir qui paraît dormir sur la mer, dans une pose allongée, n'est autre que l'île de Crête et que ce point plus élevé du nuage c'est le mont Ida. Avec ma longue-vue, c'est toujours un gros nuage noir que je vois. Crête, ou Candie, me fait l'impression d'une grosse baleine échouée, dont le dos surnage très haut.

30 décembre.

Mer calme. Dans le lointain, du côté de la Tripolitaine, une

ENTRÉE DU CANAL DE SUEZ.

trombe. Joli phénomène qu'en réalité je n'avais pas encore vu. Les livres en parlent. Mais il faut voir cela pour s'en faire une idée exacte. Un immense cordon noir va de la mer à un nuage qui disparaît peu à peu. On distingue les vagues, entraînées par un mouvement giratoire très fort, s'élever un peu en l'air.

Mer calme. Faible brise. Nous arriverons ce soir de bonne heure à Port-Saïd. M. l'abbé Dunoir est réjoui. Assis sur un banc, il se livre à une partie de damier, et gagne son partenaire. Monsieur l'abbé se sent heureux, il est joyeux.

M. Cosinus, son gros bouquin de mathématiques sous le bras, cause avec la maman de mon ami Jean. M. Cosinus est guéri du mal de mer.

Après déjeuner, à tribord on aperçoit la terre. Voilà plusieurs

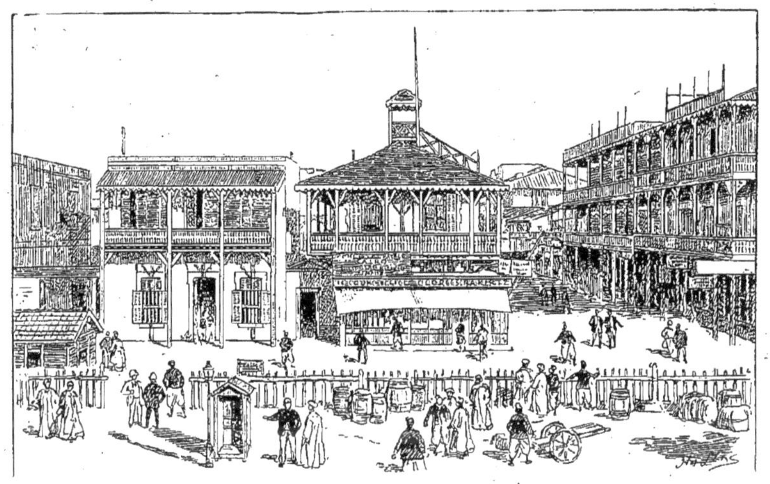

DÉBARCADÈRE DE PORT-SAID.

jours que nous ne l'avons pas vue, car l'île de Crête n'avait laissé dans notre mémoire que le souvenir d'un gros nuage noir dormant sur l'eau.

C'est d'abord une ligne très basse, bordée de roseaux en nombre infini et de petites barques qui nous paraissent minuscules. Puis cela se précise, nous distinguons des phares, des bateaux, quelques tours en bois : Damiette paraît enfin, encore très loin de nous, comme perdue dans la mer et dans le sable. Mais nous passons, nous continuons notre route vers Port-Saïd....

Au large de Port-Saïd, un petit vapeur nous débarque le pilote qui doit diriger le *Roi des Radis* dans l'entrée du canal. Successivement tous les aspects de Port-Saïd se déroulent à notre vue. Quelle ville curieuse pour un petit Parisien comme moi! Tout me semble nouveau. Il y a là des pavillons de toutes les nations, qui se balancent au bout de longues hampes. Je n'ai encore rien vu de tel. Le palais du sultan resplendit sous le soleil, ses ors se marient avec le jaune des colonnes, le vert des murs avec le bleu de la mer, dans lequel il semble se mirer étrangement.

CHAPITRE V

L'ORIENT. — LA MÉSAVENTURE DE M. COSINUS

Le *Roi des Radis* est à peine au mouillage, qu'une multitude de petites barques se détachent des quais de Port-Saïd, à vingt ou trente mètres de nous, et atteignent, après deux ou trois vigoureux coups de rames, les flancs de notre navire. C'est d'abord la *Santé* qui arrive. A la coupée des premières, le médecin du bord échange avec son confrère de la ville quelques papiers et, après deux ou trois mots de conversation, le docteur de Port-Saïd repart. Le pavillon jaune hissé à l'arrêt, au bout d'un mât, pour indiquer que la communication avec la terre n'est pas encore autorisée, est baissé. Le canot de la *Compagnie des Sabots maritimes* arrive à son tour et l'agent de la compagnie en résidence à Port-Saïd a un long entretien avec le commissaire du *Roi des Radis*. Puis nous pouvons descendre. A la coupée, un tableau est affiché indiquant le départ pour Suez à 10 heures, ce soir. Il est 5 heures. Nous avons le temps de nous promener et de voir à notre aise la ville égyptienne. Pour moi, ce coin d'Orient m'éblouit, me séduit. Paris perd, dans mon imagination, de son prestige, comparé à l'Orient que je ne fais qu'entrevoir, sous la lumière rose du soleil couchant sur un lit de sable au désert. Mais le ciel est d'un bleu si intense et la mer aussi et les maisons si bien construites avec des briques rouges, des boiseries, des vérandas, cubiques toutes ; et les monuments, surtout le palais du Sultan, aux couleurs variées, éveillent dans mon esprit je ne sais quels souvenirs d'enfance bercée des contes des *Mille et une Nuits*.

Nous sortons nombreux, sept ou huit dans une petite barque menée avec vigueur par quatre bons rameurs : M. Cosinus, sa femme, l'ami Jean, sa mère, l'abbé Dunoir, M. Pacolonpourunliar.... Chacun a des emplettes à faire : souvenirs de Port-Saïd à expédier en France, cartes postales illustrées, timbres-postes, etc.... Au quai, un vieux juif, au visage couvert d'une barbe noire, vêtu d'une longue chemise couleur jaune sale, tient la caisse. Nous payons en pièces d'argent français et il nous rend la monnaie en billon anglais. Dans la rue, je quitte la compagnie. Moi, je n'ai pas d'achats à faire. Je suis descendu pour voir, simplement pour voir, pour m'imprégner le cerveau de sensations d'Orient.

Tout de même, de loin, il fait bon effet monsieur le professeur Cosinus, tiré à quatre épingles, chaussé de bottines vernies très neuves et du meilleur faiseur ! Il s'éloigne seul, lui aussi, du groupe, il prend une petite rue, accompagné d'un Arabe qui lui sert de guide, et je le perds de vue.

Je continue ma route, et je marche dans des rues très larges, très droites, flanquées, des deux côtés, de grandes maisons carrées aux toits plats : boutiques, bazars, cafés, restaurants tous plus variés les uns que les autres. Les devantures sont surchargées d'objets de toutes sortes, et des centaines de gens, burnous sur la tête, ou fez, ou chapeau de feutre mou, vous regardent passer, immobiles sur leurs portes comme des statues. D'autres emplissent les rues, crient, gesticulent, vous prennent par le bras pour vous faire entrer dans leurs boutiques dont ils vous vantent les marchandises.

Quel monde et quelle vie!

On se presse à de petites tables dans les cafés arabes et c'est fort étrange de voir tout ce monde attablé silencieux, boire du café ou quelque autre mixture plus malsaine. On se dirait en France, dans une ville d'usines, à la veille d'élections.

PORTEUSE D'EAU A PORT-SAID.

Je continue de marcher et je me trouve sans m'en douter quasi au milieu de la ville arabe. Tout change pour ainsi dire d'aspect. Les rues sont beaucoup plus étroites, trop étroites même, les maisons, très petites, en terre, cubiques toujours et le toit horizontal. Une foule grouille là-dedans : hommes, femmes, enfants. Tout ce monde repose sur des claies, sur de méchantes nattes. Par les portes ouvertes s'exhale une odeur *sui generis* très forte qui vous donne la nausée. Et j'aperçois dans ces intérieurs quantités de choses inconnues à l'avenue des Gobelins! Si tante, Suzanne et sa maman pouvaient un moment voir cela! Quel émerveillement pour elles! Et je m'attarde dans ces quartiers, loin du Port-Saïd commerçant et cosmopolite, et cela m'intéresse vivement. Mais il faut enfin songer au retour, et je me dirige vers le port. Dans l'artère principale de la ville, quelle n'est pas ma surprise de rencontrer M. Cosinus, seul, élevant les bras au ciel et causant fort comme dans un rêve. Mais il est fou, totalement fou, M. Cosinus; il est pieds nus!! En voilà une idée, se promener pieds nus le 30 décembre, dans les rues de Port-Saïd! Il ne fait pas froid, c'est certain; pourtant M. Cosinus, si bien à cheval sur les plus petites règles de bienséance, nu-pieds, me confond, m'étonne!

— Ah! mon cher ami, fait M. Cosinus en m'abordant, quelle misère! La jolie aventure!

Et moi, très curieux :

— Racontez-moi ça, vite.

Et ce brave M. Cosinus, en continuant d'agiter ses bras comme les ailes d'un moulin que le vent tourmente, me dit son aventure, sa mésaventure comique. Je ne pouvais m'empêcher de rire. Il était allé visiter la Mosquée. On l'avait obligé de quitter ses souliers et ses bas, à la porte. C'est la règle, c'est la loi. Et quand il a voulu sortir, ses souliers et ses bas avaient disparu. Un bon petit Arabe se les était appropriés. Grande était la stupeur de ce pauvre M. Cosinus. Et il ajoutait : « mais je cherche ma femme pour acheter une paire de chaussures. Elle a mon porte-monnaie. » Je lui offre le mien. Il me remboursera, aussitôt arrivé au navire. Mais non, M. Cosinus préfère continuer de chercher sa femme, et je l'accompagne. Nous allons, au hasard, d'une rue dans une autre rue, regardés comme des animaux curieux, l'air un peu drôle, surtout M. Cosinus avec ses beaux pieds blancs. Il marche difficilement, le brave homme, point habitué à s'user la plante des pieds sur les sables de l'Égypte. Un camelot pousse même le cynisme jusqu'à venir poser lourdement son pied entouré d'une sandale à semelle de fer sur celui de M. Cosinus en lui offrant de *jolies chaussures solides*.

Enfin, heureusement, Mme Cosinus, est retrouvée : Elle a fait plusieurs jolies acquisitions dont elle est enchantée. Elle nous rejoint, le visage illuminé de joie, ne s'apercevant pas que les extrémités pédestres de M. Cosinus sont nues. Mais la mère de Jean et Jean lui-même s'en aperçoivent de suite et ne peuvent contenir un rire sonore, éclatant comme un son de trompette.

Nouvelles explications à Mme Cosinus, qui console son mari en lui répondant méchamment :

— Tu n'en fais jamais d'autres....

*
* *

Dix heures.

Le côté tribord du *Roi des Radis* est très noir. La poussière du charbon que l'on a introduit dans les soutes pendant notre excursion en ville a produit cette coloration. Heureusement, le prévoyant maître d'hôtel a fait fermer les hublots et les sabords, et s'il fait un peu chaud dans les cabines, du moins la fumée du charbon n'y a pas pénétré.

Nous partons.

Partout sur la rade des feux de diverses couleurs. Quelques

navires illuminent. C'est un spectacle inoubliable que celui de Port-Saïd, la nuit, étincelant de mille lumières.

Nous partons : un appareil à projection électrique, placé à la poupe, éclaire la marche du *Roi des Radis* qui glisse sur le bleu de la mer, lentement, très lentement. Et avant de descendre me coucher, je veux un moment contempler, sous l'éblouissante projection, les rives sablonneuses du canal.

31 décembre.

Au matin, au réveil, nous sommes dans le lac d'Ismaïlia, très vaste étendue d'eau au milieu de laquelle, marqué par des bouées mobiles et des pieux solides fixées au sable, se déroule le canal.

Ismaïlia paraît entouré coquettement de ses bois de filaos très verts. Puis, c'est encore le canal bordé par ses dunes de sable qui s'effacent par endroits et laissent la vue plonger sur les immensités nues du désert. Quelques Arabes obstinés nous suivent, se mettent à l'eau chaque fois que nous leur jetons des sous. De temps en temps, comme une oasis perdue au milieu de ce pays désert, nous apercevons des filaos groupés autour d'une habitation coquette, toits de tuiles rouges, grands mâts fixés à terre. Ce sont les gares du canal. Un martin-pêcheur court par moment d'une rive à l'autre, tout comme dans notre pays de France, sur la Marne, aux environs de Paris. Et cette vue du martin-pêcheur m'a causé un certain effroi ce matin, me rappelant une contrée plus riante, une rivière plus gaie. J'ai songé, que comme moi, il pouvait être un exilé.

Suez.

Sur la Mer Rouge très calme, nous sommes au mouillage : le temps d'échanger la correspondance, de prendre quelques provisions, et nous repartons.

Tout autour de nous, c'est d'un calme surprenant. Suez, très loin, ne nous apparaît que tout à fait indistinctement. Les marchands égyptiens, qui sont venus à bord pour nous vendre quelques photographies et des cartes postales illustrées, s'éloignent rapidement, montés sur de petites chaloupes. Ils finissent par ne plus paraître que comme d'imperceptibles fourmis, sur la surface plane de l'eau, sous le soleil ardent.

Maintenant nous portons le casque colonial, et cela, sur le pont, produit une impression fort étrange, cette exhibition de casques coloniaux. Il faut être prudent. Dans quelques heures nous serons en face du mont Sinaï. M. l'abbé Dunoir, très farceur, fait semblant de s'évertuer à montrer à un naïf, avec sa longue-vue, la pointe des Pyramides ! Et l'autre attentivement, fixe l'horizon, refixe encore, essuie ses yeux et finit par dire ces mots insensés :

— Je crois bien voir quelque chose !

CHAPITRE VI

DJIBOUTI

Quelle misère ! s'exclame monsieur l'abbé Dunoir, passer si près et ne pas le voir, passer dans la nuit !... comme toujours. Je n'ai vraiment pas de chance.

Quoi donc ?

— Mais le mont Sinaï.

Je n'ai pas encore eu la bonne fortune de contempler une seule fois dans ma vie ce mont glorieux entre tous ! C'est en effet vrai, nous avons navigué de nuit dans ses parages et, comme il n'est pas illuminé *à giorno*, nous n'avons rien vu. Vraiment, c'est bien dommage !

1er janvier.

Echange banal de vœux et de souhaits entre les passagers que les hasards de la vie ont fait se rencontrer ici, sur ces planches du *Roi des Radis*. Que ne suis-je, moi, dans mon grand Paris ! Tante, Suzanne et sa mère, ces êtres qui me sont si chers me manquent. Je voudrais pouvoir leur crier, par-dessus l'étendue immense qui nous sépare, combien je les aime, quels vœux ardents je forme pour leur bonheur !

Et je les quitte ; j'ai conscience, chaque jour, de m'éloigner davantage d'elles trois. Une fatalité pénible semble peser sur mon existence.

*
* *

La chaleur est un peu plus forte maintenant que nous sommes en *Mer Rouge*. M. Cosinus continue, assis sur sa chaise longue, de crayonner son vieux bouquin de mathématiques, mais le matin seulement ; l'après-midi, M. Cosinus fait la sieste. M. l'abbé Dunoir joue nonchalamment une partie de dominos, puis se livre aux douceurs du *farniente* sur sa couchette, dans sa cabine, tandis que le soleil nous inonde de ses rayons éblouissants. Mais Pacolonpourunliar est le plus drôle de tous : il lit l'*École du citoyen*, un bien beau livre, mais il sommeille et tient son livre à l'envers. Tout dort sur le pont, l'après-midi, et chacun en des poses plus ou moins étranges. On n'entend plus rien que le ronflement de quelques dormeurs et le gargarisme de l'hélice. Sur mer comme à bord, c'est le calme le plus absolu.

*
* *

La soirée est délicieuse. Aussitôt le coucher du soleil, une brise fraîche s'est mise à souffler. Assis dans ma chaise longue sur le gaillard d'arrière, je m'absorbe, durant des heures, dans mes plus intimes pensées. Je revois le passé si plein de tristesse ou de joie et je songe à l'avenir. Que sera-t-il, l'avenir? Je n'ai connu ni les conseils sages du père, ni les douces caresses de la mère. L'un et l'autre m'ont manqué au début de la vie. Recueilli par une brave tante, élevé entre les quatre murs d'une classe de lycée, puis aux heures de vacances vagabondant dans le vieil appartement des Gobelins entre Tante, Suzanne et sa mère, je n'ai eu d'autres joies que celles de mes trois amies. La vie allait me prendre, la vie parisienne; je voulais essayer d'entrer dans une grande administration lorsque le tonton Louis m'a fait signe de le rejoindre à Madagascar.

Que sera Madagascar pour moi? Quelle énigme! Mais je suis courageux, je me sens fort et de bonne santé. Il faut beaucoup de courage pour vivre, pour vaincre les misères de la vie, et je veux les vaincre. On dit que le Parisien n'est pas sérieux, qu'il aime les plaisirs, qu'il n'est pas solide. Je veux prouver le contraire. Il est gai et rieur, il se moque des maux qu'il ne peut éviter. Il est philosophe à sa façon. Paris, ce n'est pas toute la France, évidemment. Mais si Paris manquait, la France ne serait plus la France.

2 janvier.

La Mer Rouge continue d'être d'un bleu très joli. Le naïf qui n'avait pas bien vu les Pyramides dans la longue-vue de l'abbé Dunoir s'approche de moi et me dit :

— Nous ne sommes pas encore dans la Mer Rouge, n'est-ce pas?

— Je lui réponds : vous voyez bien que non, puisque la mer est bleue pâle; et il s'éloigne en ajoutant :

— C'était bien mon avis.

Mais vraiment la Mer Rouge est belle, très belle. Sous le chaud soleil, pas un pli ne ride sa surface, et tout autour de nous, c'est la même couleur bleue jusqu'au grand cercle que fait le ciel se confondant au loin dans l'eau.

Après le déjeuner, sur le pont, comme les jours précédents, tout le monde dort.

On aperçoit tout à coup l'îlot des *deux frères*, masses grises de pierres qui émergent de la mer. Un navire, tout près, est échoué. Nous braquons nos longues-vues. Un rien nous intéresse des heures entières. Ce navire a été abandonné. Il est seul, les mâts en l'air, et me produit l'impression de quelque naufragé suppliant vainement qu'on vienne à son secours. Nous passons.

3 janvier.

Je commençais à me réveiller, mais je ne savais au juste si je devais me lever déjà, ce matin, lorsque j'ai entendu crier : *Un homme à la mer*.

Violente secousse. Je saute du lit. Quelqu'un qui passe ajoute : *C'est un passager de deuxième.*

Le temps de prendre mon pantalon et mon paletot de flanelle et je cours sur le pont. En un costume qui, au point de vue de la correction, laisse bien un peu à désirer, mais plein de pittoresque, tout le monde se presse aux bastingages. On cause en s'appuyant sur la lisse, en regardant la mer qui moutonne.

J'apprends que l'homme s'est jeté volontairement à l'eau. Il avait eu, hier, une insolation et ne savait plus, ce matin, ce qu'il faisait. Il était devenu presque fou. Le navire ralentit sa marche, puis s'arrête. On aperçoit toujours les bouées lumineuses jetées pour servir de point de repère autant que pour permettre au noyé de se soutenir à la surface de l'eau s'il peut les atteindre. Les matelots commencent la manœuvre pour mettre un canot à la mer.

Que c'est long! Il faut bien une heure pour exécuter cet exercice qui semblerait si facile de prime abord. Et le canot, monté par quatre marins qui rament avec énergie et conduit par un maître d'équipage qui explore les alentours, décrit, bercé par les vagues, une grande courbe.

Nous le suivons du regard. Tantôt il monte dans la vague qui s'enfle, tantôt il descend dans la vallée profonde que creuse la vague qui passe; par moment nous le croyons disparu sous l'eau, puis peu après il surnage.

Sans se laisser troubler par les paquets de mer qui les fouettent au visage, les hommes continuent de ramer. Mais rien, on ne voit toujours rien. De grands goélands et des mouettes tournoient dans l'espace autour de nous. Le canot revient. On le raccroche à sa place habituelle. L'essai de sauvetage n'a pas réussi. Et nous repartons.

Tout de même cette impression est forte. Pendant toute la journée, c'est le sujet qui alimente nos conversations.

4 janvier.

Grosse mer.

Tout le monde est indisposé. Mon ami Jean ne paraît pas

aujourd'hui sur le pont, ni sa mère non plus. Hier il était déjà mal à l'aise. Moi je ne puis pas rester dans ma cabine. Il me faut le grand air du large. Je me promène sur le pont des heures entières. Personne ne me gêne. Ces messieurs et ces dames des premières *rendent leurs comptes*... dans leurs cabines! Et la mer continue d'être mauvaise. Le tangage surtout est très fort. A de certains moments on dirait que le bateau va s'engloutir dans les flots. Mais ce qui me gêne le plus, c'est que je ne puis pas lire, que je ne puis pas écrire autre chose que quelques notes griffonnées sur mon carnet de route.

5 janvier.

De grand matin, dès trois heures, je suis sur le pont. Le *Roi des Radis* a ralenti sa marche. Nous entrons dans la baie de Tadjourah. Quelques feux sur la côte guident l'officier de quart. Mais de cette côte, étant donné l'obscurité de la nuit, on n'aperçoit encore qu'un long nuage noir sous le ciel gris sombre. Les passagers dorment pour la plupart, et cependant le treuil a commencé de faire entendre sa musique épouvantable; dans la cale, c'est un bruit d'enfer, grincements de chaînes, colis mis en ordre pour le débarquement prochain; et la sirène pousse de temps en temps sa note aiguë qui raisonne tristement dans la nuit.

Peu à peu le jour vient: une clarté blanche qui baigne le navire. La côte plus apparente se montre unie, monotone, droite et rose sous la lumière du matin. Et c'est pendant longtemps encore le même aspect désolé. Pas une végétation, toujours la même falaise qui fuit à l'horizon.

Enfin Djibouti apparaît à nos yeux sous une vapeur presque

lumineuse, avec ses maisons blanches aux toits de tuiles rouges. Vue ainsi à distance au-dessus de cette mer qui miroite, la ville de Djibouti produit un effet agréable à l'œil.

Nous approchons toujours. Maintenant, à douze cent mètres environ, l'ancre est jetée. Quelques petites barques se déta-

DJIBOUTI : AUTOUR D'UNE FONTAINE PUBLIQUE.

chent du rivage et viennent à nous. Le soleil paraît à peine que déjà, cinq ou six passagers ensemble pressés dans un canot, nous allons, d'un mouvement brusque et régulier, vers la terre. C'est sur cette mer une réverbération très forte qui fatigue les yeux, et au-dessous de nous dans la transparence bleue de l'eau nous apercevons un fond de madrépores curieux, de structure très originale. Nous abordons à l'extrémité d'une jetée grossièrement construite qui nous conduit sur la place Ménélik. C'est très étrange, tout cela, pour moi. Des Somalis nous entourent. Ils sont cinquante autour de nous qui ne sommes que cinq ou six : les uns nous offrent des cigarettes ; les autres, des cannes, des plumes, des pièces d'argent à l'effigie du Négus d'Abyssinie, des cartes postales illustrées... Ils sont insupportables ces gens-là, et tenaces. Ils ne nous lâchent pas, nous ennuient, nous importunent sans trêve, sous l'œil abruti de l'agent de ville, du municipe arabe, ceinturonné, avec la plaque et les insignes de sa fonction, tenant une cravache à la main. En bande, nous traversons la place, nous rejoignons la poste, qui se trouve très loin, par un chemin sablonneux, bordé des deux côtés de marais desséchés pour le moment, mais que la mer recouvre aux fortes marées, vrais foyers de pestilence. Et toujours les mêmes Somalis, grands, minces et à peine habillés, nous harcèlent de propositions d'achat. Et le soleil qui monte toujours à l'horizon nous enveloppe rapidement d'une atmosphère cuisante comme si l'on était auprès d'un grand feu. Des mouches aussi nous poursuivent très nombreuses. Nous commençons à éprouver les charmes des régions tropicales : soleil ardent, moustiques insaisissables, mouches aux multiples variétés, toutes plus gênantes les unes que les autres.

Le bureau de poste, sorte de grande habitation avec véranda, surmonté d'une toiture de tuiles rouges, ne présente aucune particularité remarquable.

Nos besoins de philatélistes satisfaits, nous retournons à Djibouti. Je laisse mes camarades pour mieux voir, pour me promener un peu malgré le terrible soleil, si dangereux dans cette région. Les uns vont s'asseoir à une table de café, les autres choisissent quelques objets dans les bazars tenus par des Indiens.

VUE GÉNÉRALE DE TANANARIVE.

Je vais dans la ville arabe, le village arabe plutôt : un ramassis de petites huttes de terre grise et rousse recouvertes de paillassons suspendus par de mauvaises cordes. Il y a là-dedans des enfants en quantité, des Arabes, des Indiens, des somalis. Habillés de robes rouge ou jaune, les femmes laissent voir de longs bras et de longues et maigres jambes noires. Sous leurs éclatants costumes, leurs membres de couleur sombre produisent un effet singulier qui me fait songer instinctivement à ces singes que l'on montre à la foire de Neuilly, habillés de robes sans manches ! Des singes, mais au fait, n'ont-ils pas tous des silhouettes de singes, ces gens que je rencontre ici ? Malgré une grande curiosité, je n'ose pas trop m'aventurer dans les sentiers du village arabe et je préfère aller plus loin. C'est aujourd'hui le marché. Je m'y rends.

Mais quelle odeur, tout à coup !

Tout près du village arabe, se trouve le marché. Sur des tables à casiers bien grossiers l'on voit, du riz dans un compartiment, dans un autre du sel, du poivre, de la cannelle, du gingembre, du safran, des grains, des racines de plantes exotiques. Puis, plus loin, des peaux de panthères qu'on vient de tuer, des cannes à sucre, des pastèques roses. Et parmi tout cela des poissons attachés en paquets suspendus à des pieux plantés en terre, et recouverts de myriades de mouches, des viandes fraîches de mouton ou de porcs noires aussi, comme es poissons, d'un grouillement d'insectes. Et puis des chameaux sans nombre, de petites chèvres... Mais une odeur si forte s'exhale de ce pauvre marché, que je dois m'éloigner, par crainte de me trouver mal. Je m'amuse à regarder ensuite un tout petit café arabe, rempli de gens en burnous et en turbans, drapés dans leurs grandes robes, qui boivent assis à de petites tables dans de minuscules tasses et fument dans des narguilés de cuivre, de forme curieuse, comme à Port-Saïd; et, toujours le souvenir des veilles d'élections à Montmartre ou des sorties d'usines me revient à la mémoire.

Un petit Arabe m'accompagne, il a huit ou neuf ans et connaît quelques mots de français. Il marche, le torse nu, jambes et pieds nus, les cheveux luisants et frisés.

— « Moi, me dit-il, moi, pas français, moi camarade français ! ! » et il me chante d'une voix nasillarde tout d'un coup pour avoir un petit sou : « *A Ménilmontant, A Ménilmontant* ! ! »

Ah ! mais en voilà une surprise ! Je n'en reviens pas, je me demande si je rêve, si ce n'est pas un effet du soleil. Et mon compagnon, qui rit de mon air ahuri, reprend une autre chanson, puis une autre encore pendant que je m'assieds à une table de café abasourdi, tué comme on dit par tant d'épreuves : tout Bruant défile ainsi à mes oreilles par fragments et je continue de rêver alors que devant moi, le soleil fait danser dans l'air tout un monde invisible d'atomes et que la place Ménélick résonne des cris de la razia à laquelle se livrent les indigènes pour saluer l'arrivée du Ministre de France, de passage dans ces régions.

La chaleur commence à devenir insupportable. Je regagne le navire qui, au loin sur la rade, balance insensiblement sa longue carcasse blanche, et tout autour, c'est sur la mer une réverbération aveuglante. Des Arabes en troupe sont venus auprès du *Roi des Radis*, ils se tiennent dans l'eau, demandent des sous, on leur en jette du bord et ils plongent et les attrapent, remontent à la surface et recommencent de plonger aussi souvent qu'on leur donne des sous. Ils sont là, depuis plusieurs heures, et ne paraissent pas encore lassés de leurs exercices de natation. Eux aussi ils chantent. Ils chantent sans y comprendre grand'chose, je crois, comme mon Arabe de la *ville*, des refrains de Montmartre.

4 heures du soir.

Nous en avons assez de ce Djibouti, où il n'y a rien ou à peu près, et nous sommes bienheureux, par une légère brise, de repartir pour Aden. M. l'abbé Dunoir, qui s'est attardé avec ses amis, a failli manquer le bateau. Il nous arrive tout en sueur et suffoquant !

CHAPITRE VII

ADEN

6 janvier.

Sous le chaud soleil des tropiques, *le Roi des Radis* mouilla en rade d'Aden. Tout autour, de minuscules barques très nombreuses, montées par des nègres somalis, s'agitent sur la mer qui est d'un beau bleu clair. Ils laissent voir, ces négritos demi-nus, sous leur rudimentaire vêtement, des membres grêles, un torse droit, une peau d'ébène. Dans leurs légères embarcations, ils ont des figues sèches, du café, des cartes postales illustrées, des cigarettes, du tabac, des allumettes, des oranges, des dattes et des poissons infects, puants, sur lesquels bourdonnent des milliers de mouches.

Des oiseaux de mer : mouettes, cormorans, goélands, des pigeons, des courlis, surtout de nombreux vautours gris, voltigent au-dessus de tout, se posent un moment sur l'eau avec un petit cri très curieux, un cri qui fait penser à celui d'une girouette rouillée, tournant le soir, sous la brise d'hiver, dans un fond perdu de campagne. A ce cri, montant vers nous comme une plainte monotone, se mêle le bavardage étourdissant des marchands nègres qui viennent d'envahir le pont du navire.

Devant nous, un rocher immense, que l'on dirait sorti d'hier d'une fournaise géante, tant il est noir et paraît calciné. Au-dessus, un peu partout, des canons bien inoffensifs sont braqués sur la rade! C'est pour effrayer les gens!... ou les nations! Albion montre ses dents! des dents bien usées!

Des maisons, construites sur le même modèle, aux grands toits de tuiles rouges retombant presque tous, formant véranda tout autour, s'étagent de distance en distance sur le flanc nord de la montagne. Et le long de la côte, ce matin, au galop d'un petit cheval arabe qui nous emmenait visiter les fameuses citernes de Salomon, nous en avons vu de ces maisons, partout.

Oh! cette course avant le lever du soleil sur la terre arabe, comme elle nous a paru curieuse! Il faisait à peine jour et déjà le *Roi des Radis* avait commencé d'emmagasiner du charbon dans ses soutes lorsque à la coupée, pour ne pas respirer plus longtemps un nuage de poussière noire, nous avons demandé, — à trois, — à un petit nègre qui se balançait dans sa pirogue, de bien vouloir nous conduire à terre. Il faisait, ce petit nègre, d'horribles contorsions et des grimaces qui découvraient des dents pointues d'une blancheur repoussante sur fond ciré à la mine de plomb. Et ainsi en risquant vingt fois dans un quart d'heure de chavirer, nous avons pu atteindre l'une des *warfs* en pierres de l'avant-port.

Ce qui nous a tout d'abord frappé en mettant pied à terre et ce qui a continué de nous surprendre ensuite, au cours de notre excursion, ç'a été de voir avec quelle bienveillante sollicitude le policeman veille sur nous. Cela nous préserve des centaines de gamins qui nous suivaient à Djibouti en nous demandant sans cesse quelques sous. A gauche du débarcadère, un bâtiment très simple, carré, avec toiture en bois peint, raies rouges et blanches — et surmonté d'une infinité de fils de fer gris : c'est le bureau télégraphique où l'on reçoit des télégrammes pour le monde entier, comme l'indique une inscription en anglais. Encore un signe caractéristique de la puissance britannique : la plupart des câbles sous-marins lui appartiennent.

Aden s'étend, sur plus de cinq kilomètres, au bord d'une vaste baie très bien défendue ou plutôt très facile à bien défendre.

ADEN.

La ville proprement dite est construite un peu encaissée dans une vallée à l'abri des vents du sud et du soleil. Elle est d'une propreté remarquable. Partout des fils télégraphiques, des réverbères et des cabinets d'aisances. Des hommes vont chercher de l'eau à la mer dans des outres et arrosent les rues plusieurs fois par jour. Sur les places, quelques rares caféiers poussent misérablement. Ailleurs, aucune végétation, pas une herbe, pas une mousse quelconque.

Les Anglais ont accompli des travaux d'art surprenants, percé des montagnes pour relier les divers quartiers de la ville, établi des forts sur la crête des rochers, construit des casernes. On aperçoit les cimetières en se rapprochant des citernes : d'abord le cimetière somali, puis après un pâté de maisons, le cimetière européen, enfin plus loin encore, un cimetière arabe. Très étranges, le cimetière somali et le cimetière arabe. Le premier est pauvre de monuments curieux, c'est plutôt un minable petit cimetière sans clôture, avec des pierres blanches ayant des formes vagues de cubes rectangulaires pour marquer l'emplacement des sépultures ; le second, au contraire, abonde en tombeaux bien construits en pierres taillées avec soin : blanches et grises ; blanches aux côtés, grises aux deux extrémités.

Et nous courons toujours emportés par le petit cheval arabe que fouette un boy. Le soleil ne paraît pas encore et l'air est plutôt frais. Il a plu, la nuit à Aden, ce qui est exceptionnel. Et nous croisons d'innombrables caravanes qui reviennent chargées des produits de l'Arabie : canne à sucre, coco, café, encens, myrrhe.

Les voici enfin, ces fameuses citernes.

Suivant la légende, le roi Salomon aurait établi une station en cet endroit, pour ses caravanes et construit ces citernes. Ce qu'il y a de certain, c'est que les Anglais ont trouvé là les restes de travaux très anciens et qu'ils les ont restaurés et agrandis. Ce sont, ces citernes, d'immenses bassins très variés de forme, communiquant entre eux à volonté. Ils sont au flanc même de la montagne d'Aden.

Des milliers de pigeons, des hirondelles, nichent dans les trous imperceptibles du rocher. Et cela nous a paru assez étrange ce vol d'oiseaux nombreux, quand le policeman qui nous accompagnait a frappé des mains.

Au retour, sous le soleil qui commence à chauffer, dans toutes les rues, c'est un grouillement très grand de population : arabes, somalis, turcs.

Il y a beaucoup de voitures qui circulent, traînées par des petits chevaux, par des mulets encore plus petits. Il y a des charrettes aussi auxquelles sont attelés des bœufs à bosse, des chameaux. Et c'est partout un mouvement très grand, un mouvement qui donne l'impression d'un commerce d'une rare activité.

*
* *

A trois heures du soir, le départ pour les îles Seychelles sonne. Encore six jours avant d'arriver à Mahé. Six longs jours pendant lesquels nous n'allons voir, le plus souvent, que le ciel et la mer.

Un vol de gros vautours gris nous accompagnent un moment en mer, puis ces oiseaux disparaissent. Nous perdons peu à peu de vue la côte d'Asie.

Nous sommes maintenant au large du golfe d'Aden, une région éternellement chaude. Pas de brise. L'air est lourd. On respire avec peine. La nuit venue on apporte sa couverture de lit et c'est sur le pont, dans sa chaise longue, que l'on se repose le mieux, que l'on dort bien. Mais le matin n'est pas gai, car les matelots trouvent toujours un grand plaisir à vous éveiller sous le coup de jets d'eau violents destinés à arroser le navire — et ce réveil est plutôt... triste.

Très curieux le pont du navire, la nuit. Je me paie parfois la fantaisie d'une excursion sur le bateau en marche, vers deux ou trois heures du matin.

Quel peintre pourrait rendre, avec son pinceau, le pittoresque de ces installations improvisées de dormeurs à bord. Chassés des cabines où la chaleur est pénible à supporter, où l'on respire une atmosphère qui sent à plein nez la saumure et la mer, ils viennent presque tous dormir sur le pont : les uns sur des bancs, les autres sur des chaises longues. Il y en a qui se couchent sur le plancher, enveloppés dans leurs couvertures. Et vers minuit on entend des respirations pressées, des sons rauques, des ronflements. Musique singulièrement comique, à laquelle se mêlent sans trêve le bruit de l'hélice et le bourdonnement de la mer aux flancs du navire.

Et sous le ciel bleu des nuits tropicales, parsemé de milliards et de milliards de points d'or, le *Roi des Radis* continue de glisser vers le sud.

CHAPITRE VIII

OCÉAN INDIEN. — UN DE MOINS. — UN DE PLUS

7 janvier.

Un de moins. — Un enfant indou, de quatre à cinq mois, est mort pendant la nuit, sur le pont. Ce matin, à huit heures, à la coupée des deuxièmes, devant tous les officiers du bord, on a jeté son pauvre petit corps à l'eau. On l'avait placé dans un sac, avec quelques morceaux de plomb. La cérémonie n'a pas traîné en longueur. Le navire a ralenti sa marche une minute pour éviter au cadavre les coups de l'hélice, puis a repris sa course, sa vie, sa monotonie habituelle. Une quinzaine de personnes seulement se sont aperçues de cette immersion. Le reste n'a rien vu. C'est ainsi : on ne dit jamais rien de ces choses lugubres.

Un de plus. — Entre deux caisses, sur le gaillard d'avant, le maître d'équipage a trouvé un homme qui dormait. C'est un Arabe. Il est monté à Djibouti, sans billet, et il se rend aux Seychelles. Depuis trois jours qu'il est à bord on ne s'était pas encore aperçu de sa présence. Que faire? Il n'a pas d'argent pour payer? Le jeter à l'eau, lui aussi? Il paraît qu'il n'y tient pas. Mais ce qui est comique à contempler — ô contemplation de l'essence des choses ! — c'est la tête que fait le maître d'équipage. Il a une peur horrible d'être puni pour n'avoir pas mieux veillé aux passagers du pont.

Enfin, la question est tranchée par le capitaine commandant : le maître d'équipage, pour sa négligence, sera débarqué à Mahé jusqu'au retour du prochain bateau qui passera dans un mois ; l'Arabe aussi sera débarqué.... et mis en prison.

Je ne crois pas que le doux prophète Jérémie, dans ses moments de mélancolie, se soit jamais livré à autant de lamentations que le vieux maître d'équipage ! La figure de l'Arabe demeure impassible. Il éprouve peut-être même quelque satisfaction de songer qu'il arrivera sous peu, et malgré tout, à destination. C'était écrit quelque part, sans doute.

*
* *

Nous commençons à apercevoir la terre. Encore l'Afrique, le mystérieux continent noir, dont la côte unie, monotone, sans verdure, se profile à l'horizon comme un gros serpent étendu sur le sable. Le cap Gardafui est proche. Nous allons le doubler ce soir. Le ciel s'est couvert de gros nuages. Nous inspectons la côte avec nos longues-vues, lorsque le commandant nous raconte une histoire.

Le récit du commandant.

La côte d'Afrique en présence de laquelle nous nous trouvons est des plus mauvaises, non seulement à cause des nombreux récifs qui s'y trouvent disséminés à fleur d'eau, mais aussi et surtout parce qu'elle est habitée par une population de race

Somali, anthropophage. Ces sauvages n'ont jamais souffert que les Européens puissent construire des phares sur leur territoire. Au contraire, ils préfèrent, par les nuits sombres, attirer les navires en faisant de gros feux sur quelque rocher inhospitalier.

Il y a vingt ans, le père d'un de mes amis commandait un fort navire dans ces parages. Ce navire chargé de poudre se rendait aux Indes.

Par une erreur assez facile alors à commettre, étant donné que l'on ne connaissait pas bien ces régions, le navire que commandait le père de mon ami alla s'échouer sur un rocher, à quelques cents mètres seulement de la terre. Tous les efforts que l'on fit pour le tirer de là furent inutiles. On mit alors les chaloupes à l'eau et l'on atteignit le rivage, ne pouvant plus longtemps demeurer sur ce bâtiment. En vingt minutes tout l'équipage et les quelques passagers furent sur la terre ferme.

Chacun avait eu soin de se munir des armes qui étaient à bord et de quelques munitions. Deux ou trois Somalis, qui se trouvaient là, ne parurent pas trop épouvantés de ce débarquement. Ils se mirent à pousser des cris de joie, et bientôt d'autres Somalis sortirent des solitudes d'alentour et vinrent les rejoindre. Ils étaient maintenant au nombre de quinze environ. Le commandant du navire, entouré de ses hommes, avait envie de faire exterminer cette bande peu nombreuse d'anthropophages. Mais il se ravisa. Au loin un navire passait. On lui fit des signaux et, un moment après, on l'aperçut se dérangeant de sa route pour venir au secours des naufragés. Pendant ce temps, le nombre des sauvages augmentait sans cesse, devenait maintenant menaçant, il en arrivait de tous les côtés à la fois. Et ils montraient, ces

Somalis, des figures farouches, de grandes dents blanches sous leurs grosses lèvres, et des yeux brillants au-dessous de petits fronts bombés. Ils étaient hauts de taille et paraissaient forts et vigoureux.

La lutte n'était plus possible. En attendant le navire qui se rapprochait bien lentement, le commandant exigea beaucoup de calme de ses matelots.

Les sauvages s'emparèrent des marchandises qu'on avait apportées à terre. Le commandant, craignant une collision terrible, les laissa faire. Puis plusieurs d'entre eux joignirent, à la nage, le navire abandonné et quand ils en eurent tiré quelque chose, tous se mirent à l'eau pour aller piller ce pauvre bâtiment échoué.

L'autre, le navire de passage, se rapprochait toujours un peu, mais combien lentement! Enfin le commandant fit monter ses hommes dans des chaloupes et les dirigea vers le navire qui venait au-devant d'eux. En ce moment, tous les Somalis étaient à bord du bâtiment échoué, prenant tout ce qui leur tombait sous la main. Le commandant avec deux matelots, dans un petit canot, se fit conduire rapidement à son ancien navire, alluma une mèche qui communiquait avec la cale où se trouvait la poudre et s'éloigna aussitôt.

Depuis quelques minutes, tous les naufragés étaient à bord du navire, y compris le commandant et ses deux matelots, et l'on continuait de suivre des yeux, avec les longues-vues, les Somalis qui se rendaient toujours au bâtiment échoué, lorsqu'une détonation terrible se fit entendre. Le bateau éclata en l'air, produisant un remuement très grand des eaux. Quelques planches ensuite surnagèrent, parmi des cadavres sans nombre de Somalis. Aucun ne s'était sauvé.

Et le commandant du *Roi des Radis*, en terminant son récit sur cet « aucun ne s'était sauvé », se frottait les mains d'aise et riait son franc et gai rire dans sa barbe de vieux loup de mer.

Le soir, dans sa cabine, où il est alité depuis deux jours, je fais part à mon ami Jean du récit du commandant.

Pauvre petit Jean ! Il ne va pas bien. La traversée est pénible pour lui. Du moins, me dit-il, je n'ai plus l'inquiétude de mes leçons de malgache et d'anglais. C'est déjà quelque chose. Un peu plus, et il serait presque heureux d'être malade. En voilà un client !

Il aime passionnément l'étude, mon ami Jean ! !

8 janvier.

Aujourd'hui nous sommes au large. Le point affiché à midi nous annonce qu'il ne nous reste plus que 1135 milles à parcourir pour arriver à Mahé, point d'arrêt des îles Seychelles.

Tout autour de nous, c'est le cercle bleu de la mer et du ciel. Aucune barque à l'horizon. Plus un seul oiseau à nous suivre comme à la sortie d'Aden. La mer moutonne. Des écumes blanches paraissent et disparaissent entre les vagues qui se brisent les unes contre les autres. Le navire tangue un peu. A la surface des eaux, de nombreuses bandes de poissons volants se dispersent.

La mer est plutôt grise, et les poissons qui s'envolent de temps en temps, poursuivis par des marsouins en chasse, me font l'effet des alouettes qui, des luzernes et des trèfles des environs de Paris, se sauvent à votre approche. La ressemblance est grande, si grande même que le *monsieur qui a vu les Pyramides*, c'est ainsi maintenant qu'à bord, on l'appelle, mais qui n'a pas encore vu la *mer rouge* — ne pas confondre avec la mer Rouge, — accoudé au bastingage, me dit :

— « Eh ! voyez donc, des alouettes de passage qui reviennent en France. C'est bien la saison. »

En voilà un qui, au moins, aura vu des choses curieuses dans son voyage, pensé-je en moi-même.

9 janvier.

En plein océan Indien.

Temps très calme. Mer laiteuse. M. l'abbé Dunoir se repose de ses fatigues, reprend son bréviaire, le matin, ses parties de dominos, le soir. M. le professeur Cosinus, qui a souffert, lui aussi, depuis plusieurs jours, se sent mieux et monte sur le pont, sans oublier son vieux bouquin de mathématiques.

Ils sont inséparables, le bouquin et M. Cosinus. Je suis persuadé qu'ils doivent coucher ensemble dans le même petit lit. Et c'est vrai. Madame Cosinus nous raconte, en effet, qu'hier soir M. Cosinus s'est endormi en crayonnant son vieux bouquin et que, ce matin, le vieux bouquin reposait sous les draps en tête-à-tête avec son mari ! Je ris encore de l'histoire. M. l'abbé Dunoir en danse de joie sur ses pauvres vieilles jambes.

*
* *

A la bonne heure, je pense qu'aujourd'hui nous allons enfin nous trouver au complet. Depuis plusieurs jours il y avait des passagers souffrants. Ce beau soleil, cette mer calme, cela remet tout le monde. Mon ami Jean va mieux. Mais il n'ose pas encore se lever. Je crois bien qu'il redoute la langue malgache et la langue anglaise que sa mère lui fait apprendre. Il n'a pas, assurément, autant de plaisir à retrouver ses livres que ce digne M. Cosinus n'en prend à son vieux bouquin de mathématiques. Chacun ses goûts.

*
* *

Un poisson volant est entré cette nuit, par mon sabord ouvert, dans ma cabine. Je le fais préparer et vais l'adresser, en souvenir, à mon ancien professeur de sciences naturelles du lycée Flaubert. Cela le charmera.

Nous sommes cinquante, ce soir, à attendre le coucher du soleil. La cloche a sonné le diner. Mais nous ne bougeons pas. Nous voulons voir se coucher le soleil. Baal, descend lentement à l'horizon. Sans danger, nous pouvons maintenant le regarder en face. Il est tout rond, tout rouge.

Tout à coup il disparaît. Et de la mer s'élève un immense jet lumineux qui embrase le vaste ciel d'une couleur jaune pâle et verte éblouissante, quand même. Et cette teinte se prolonge pendant quelques secondes, puis s'efface peu à peu, devient cramoisie et passe, se fond dans le bleu sombre des nuages qui naissent au couchant. Et c'est déjà la nuit.

Lettre à Tante.

10 janvier. En mer. Minuit.

Aujourd'hui, ma chère maman et tante, nous avons passé l'Équateur. Et, bien que le baptême de la Ligne soit depuis longtemps à peu près tombé en désuétude, nous avons quand même fêté ce passage torride par un amusement que j'ai trouvé... idiot.

D'abord les préparatifs de la fête ont présenté beaucoup de difficultés. Il a fallu l'entêtement des passagers de troisième et du pont, pour arriver à une solution favorable. En première, les officiers ont échangé des paroles dures. En deuxième, plusieurs passagers parlaient de répondre à coups de revolver aux solliciteurs trop zélés. Et assurément, si l'on n'avait pas eu un imbécile, au faux col bien empesé, qui promenait sa suffisance en qualité d'inspecteur de la *Compagnie des Sabots Maritimes*, le commandant se serait opposé à la célébration d'une cérémonie aussi niaise et qui mécontentait bien des gens.

Ce matin, dès huit heures, je me promenais sur le pont, seul : M. Cosinus était absorbé dans la lecture de son vieux bouquin de mathématiques; M. l'abbé Dunoir récitait son bréviaire en faisant de grands enjambées, et mon ami Jean n'était pas encore levé. Je rencontre un Anglais, qui voyage en première, se rendant avec sa femme et ses enfants à Maurice. Je lui parle de la grande fête de ce tantôt. Il me repond en roulant de gros yeux ronds dans sa face rouge fraîche rasée.

— « Moâ, brûle gueule à monde qui tombera eau sur nos!

— Mais on ne vous dira rien, si vous restez dans votre cabine, lui ai-je répondu.

— Aô! yes! Moâ, payé cher, sale compagnie. Moâ, droit passage dessus pont, moâ, pas étouffer moâ dans infect cabin! »

Après tout, il est logique mon *English* et je l'approuvais fort. On ne paie pas pour être gêné par une bande de personnes de distinction plus que douteuse. Mais cela m'amuse. L'imbécillité du gros inpecteur va être mise à une épreuve.

A midi, tout le monde est monté sur le pont. Les préparatifs s'avancent. On barricade tout un côté du pont, où nous ne pouvons plus nous promener. On remplit une grande toile d'eau. On place un escabeau de côté. La toile remplie d'eau est cachée par d'autres toiles aux cordages du navire. On installe un fort tuyau de pompe, un de ces tuyaux dont on se sert, le matin, pour le grand lavage de cinq heures.

Et tout à coup un capitaine déguisé, masqué, portant une longue et horrible moustache, paraît : c'est le *Père Tropique*. Une bande nombreuse le suit d'hommes travestis : soldats et sous-officiers désœuvrés voulant rire. On s'approche.

Un autre capitaine s'assied sur l'escabeau en face du Père Tropique et de sa troupe. Le Père Tropique fait un discours. Il dit que les gens qui viennent pour la première fois passer sous cette ligne de feu qu'est l'Equateur, ont le cerveau brouillé par les brumes du septentrion et qu'il importe de les baptiser pour empêcher, dans leur pauvre boussole mal réglée, de se développer le cancrelas colonial, animal tenace qui menace d'abrutir promptement les récalcitrants... et, après d'autres âneries de la sorte on procède au baptême du capitaine, assis sur l'escabeau, qui décline ses nom et prénoms, un nom et des prénoms fantastiques. Il reçoit une douche, un coup de pompe en pleine figure et trébuche dans la toile remplie d'eau où il a failli se noyer. Et la cérémonie continue. Cinq ou six patients à tour de rôle se font baptiser... Puis la séance est levée.

J'ai attrapé un peu d'eau sur mon veston et ç'a été tout. Mais ce brave M Cosinus a dû se changer des pieds à la tête. Pour une fois il avait oublié sur le pont son vieux bouquin de mathématiques.

Cependant l'insipide cérémonie a été suivie d'une fête plus insipide encore. Qu'y voulez-vous faire? Quand on n'a ni génie, ni intelligence, que le plus élémentaire talent fait défaut, il serait préférable de ne rien entreprendre. Malheureusement beaucoup de personnes, et des moindres, ne le pensent pas ainsi. Donc, il y a eu une fête de nuit illuminée *à giorno*.

On a récité des monologues, on a dit des chansons! Quels monologues, quelles chansons!

Si jamais Suzanne avait pu entendre cela! C'était, comme disait mon professeur de rhétorique, le paroxysme du crétinisme.

Un sous-officier a voulu débiter la *Grève des Forgerons* :

« Mon histoire, Messieurs les juges, sera brève... »

Elle a plutôt été longue son histoire, et tirée par... Il ne savait pas bien, il avait peur, il s'embrouillait. Et puis vous imagineriez-vous qu'on vous ressasse les oreilles encore sous l'Équateur, sur un paquebot, de cette fameuse *Grève des Forgerons* ! Allons donc! Quelle scie! Et assis sur une chaise longue, je songeais à part moi qu'il avait été bien inspiré Leconte de Lisle de n'avoir pas écrit un seul vers pour les imbéciles. On l'écorcherait lui-aussi comme le cher auteur de Severo Torelli.

Et la scie se continue par la *Paimpolaise* de Théodore Botrel. Oh! cela, c'était fatal, comme les mouvements du monde planétaire. Une soirée passée à chanter des refrains quelconques, surtout d'une banalité sans pareille, ne serait pas complète sans une audition de la *Paimpolaise*, de Botrel.

Quelques monologues sont débités, lentement, d'un jet régulier, comme le tic-tac d'un moulin, une chute d'eau dans une rivière.

A onze heures et demie, la fête était terminée, les acteurs improvisés étaient de cent coudées au-dessous de leur rôle. Quelle partie de plaisir!

Maintenant, ma chère tante, je resonge à vous qui êtes déjà si éloignée de moi! Je pense à Suzanne et à sa mère! J'ai laissé de bien douces choses en France.

Mais enfin la vie exige parfois de grands sacrifices. Il faut beaucoup souffrir, nous disait autrefois un professeur de philosophie :

L'homme est un apprenti, la douleur est son maître.

Et quand on a beaucoup souffert?...

Mais non, je veux enlever de mon esprit toute idée triste. Je veux agir. *Il faut se débrouiller dans la vie*, nous écrivait dans chacune de ses lettres le vieux Tonton Louis. Eh bien, moi aussi, je vais me débrouiller. Et je me débrouille déjà assez bien.

Ne vous inquiétez donc pas de moi. Restez persuadée que je vous reviendrai tôt ou tard.

Et sur cette espérance, je vous embrasse bien des fois du fond du cœur. Remettez quelques-uns de mes baisers à Suzanne et à sa mère, et dites-leur que je les aime toujours plus, à mesure que je m'éloigne de vous trois.

GUST.

CHAPITRE IX

MAHÉ.

11 janvier.

De grand matin le navire ralentit sa vitesse.

Nous sommes tout près de l'archipel des îles Seychelles. Je cours monter sur le gaillard d'avant pour mieux voir ces îles dont on nous a tant vanté les beautés.

Au lointain, sur une mer blanche comme du lait et sous le ciel également blanc, se détachent quelques formes sombres de rochers. Ces formes, d'abord vagues et incertaines, s'accusent davantage à mesure que nous approchons; et ce ciel et cette mer, avec le jour qui vient, changent peu à peu de couleur, deviennent d'un bleu indigo, très joli. Et toujours nous avançons.

Nous avançons maintenant entre de gros îlots, qui produisent l'effet d'immenses carapaces de tortues, surnageant au-dessus des eaux. Et cela est encore très loin de nous. Puis notre navire tourne un peu et met le cap sur Mahé.

Sous le soleil qui sort des flots, Mahé étale ses pentes boisées, verdoyantes. Cela est confus, mais le nuage épais qui couvre toute la cime de l'île se dissipe lentement, et Mahé se montre enfin à nous dans sa beauté éclatante.

Sur la côte, ce sont des forêts de pandanus, des cocotiers, des manguiers, des yuccas, des jaquiers, etc. Et toute l'île en est couverte de ces arbres. On dirait d'un gigantesque bouquet où des fleurs à profusion auraient été jetées, des fleurs aux tons éclatants. Cela me fait penser à Tahiti, entrevu dans mes rêves de lycéen à la suite d'une lecture de Loti.

Nous sommes à un mille environ de Mahé. Le *Roi des Radis* jette l'ancre. Après les formalités de la visite du médecin, nous pouvons descendre. Dans une baleinière nous prenons place, cinq ou six de deuxième ensemble. Nous partons. La mer est agitée; nous sommes ballottés par des vagues très bleues qui découvrent dans leurs mouvements des fonds de madrépores curieux et bizarres : tout un monde de plantes et d'animalcules spéciaux à ces contrées tropicales. A chaque instant nous courons risque de chavirer. Il me semble que ce serait presque agréable de prendre un bain dans cette eau si belle, sous ce soleil si chaud.

Au débarcadère, quelques Indiens, des naturels de l'île nous parlent dans un français très pur, ce qui nous surpend un peu. Mais personne ne nous accable de prévenances intéressées, comme à Port-Saïd et à Djibouti. On nous offre seulement de monter en pousse-pousse.

Après les aridités brûlées de soleil de Djibouti et d'Aden, vraiment on se sent heureux d'aborder aux Seychelles. Cela est calmant et salutaire. On respire à son aise un air très pur. On se repose la vue sur des merveilles naturelles incomparables.

Je prends place dans une petite voiture — pousse-pousse —

traînée par un Indien, haut de taille, les bras nus musclés. Il court. Il court par toute la ville moyennant une *roupie*. Et je vois des rues très droites, très propres avec des petits fossés aux côtés pour faciliter l'écoulement des eaux; des maisons pour la plupart en bois, avec véranda, entourés de manguiers géants; des jaquiers portent des fruits gros comme des citrouilles; des ravenalas élancés balancent légèrement leurs longues branches feuillues; des bananiers surchargés de régimes de bananes; des sangs-de-dragon, des cocotiers, des caféiers. Et les principales avenues, celle, entre autres, qui est latérale à la côte où se trouvent la poste et les principales maisons, sont ombragées par d'énormes manguiers.

Il y a aussi, en haut de la petite ville, des forêts de filaos. Dans les rues, des poulets, des poules, comme dans nos campagnes de France.

Je vais voir le vieux collège Saint-Louis, tenu par des Français. C'est très vieux, ces constructions en pierre. On dirait un presbytère de France, tant tout cela a un air de France. Et le supérieur des frères Maristes m'accueille très bien, et nous causons un peu, tous les deux. Il me raconte l'histoire de son établissement. Dans son petit parloir modestement meublé circule une odeur vague de choses anciennes.

Et j'apprends beaucoup de choses sur l'île Mahé qui s'appelle ainsi en souvenir d'un grand Français du XVIIIe siècle, Mahé de la Bourdonnais. A côté, c'est l'île Praslin, du nom d'un ministre de Louis XV, et l'ensemble porte une appellation qui est en l'honneur du conventionnel Hérault de Seychelles.

Autrefois, pendant les beaux jours de l'ancienne monarchie,

nous avons possédé cet archipel, ces perles de verdures qui ont conservé intact le souvenir de la France.

En effet, quand le soleil de dix heures m'impose l'obligation de rentrer à bord pour déjeuner, je rencontre partout sur mon chemin des gens qui me parlent français et m'offrent de jolis bouquets. Dans la chaloupe qui retourne au *Roi des Radis*, en compagnie de quelques passagers et de plusieurs dames du bord, c'est une profusion de fleurs, tout le monde en a. Il y a plus, de belles bananes en grappes, jaunes dorées ; des ananas, des mangues et des oranges ; quelques noix de coco roulent dans la barque. Et nous causons, tous enchantés de l'accueil qui nous a été fait. Mais la barque nous inquiète. Elle n'est pas solide. La mer est plus agitée que ce matin et le bonhomme qui conduit ne veille pas suffisamment à sa voile que le vent secoue fort. A un moment, peu s'en faut que nous ne chavirions ; deux dames ont fait des sauts dangereux en poussant des cris aigus. Et au-dessous de nous c'est toujours, entrevu dans la transparence des eaux, un joli jardin de madrépores : des bancs de coraux sans fin.

Mahé, c'est bien l'île de mes rêves. Les arbres y poussent partout. Tout y est vert, d'un beau vert pas très sombre. Quelques rares rochers noirâtres avec des veines ocre paraissent par endroit sous les feuillages. Au bord de la mer s'élèvent de coquettes petites constructions blanches. Il semble que la vie soit douce sur ce coin de l'univers qui nous produit à tous l'effet d'un paradis terrestre.

C'est avec regret que vers midi nous quittons ces parages fortunés. Maintenant Mahé disparaît peu à peu à l'horizon, bientôt ce ne sera plus qu'un petit point noir, puis après, plus rien.

— « Eh ! monsieur l'abbé Dunoir, savez-vous à quoi je pensais, lorsque dans les rues de Port-Victoria, je regardais les gros jaquiers suspendus aux branches de l'arbre ?

— Moi, la première fois que j'ai vu ces arbres et ces fruits si gros, je pensais à La Fontaine, *le Gland* et *la Citrouille* !

— Et la conclusion, monsieur l'abbé !

— Et la conclusion, reprend l'abbé en riant, mais c'est que La Fontaine n'était pas un *globe-trotter*. »

*
* *

Soir pénible. La pression barométrique varie sensiblement. Le commandant en est épouvanté, il donne des ordres, il fait préparer les voiles en vue d'un cyclone. On redoute un cyclone ! Tout le monde là-dessus parle du cyclone.

6 heures.

Dîner. M. l'abbé Dunoir, qui a déjà vu un cyclone, nous entretient de ce terrible phénomène atmosphérique. Il nous dit précisément que nous sommes dans la saison.... et dans la région la plus éprouvée. Les passagers ont, pour la plupart, des mines piteuses. Les femmes sont au désespoir. Si elles avaient su, elles auraient attendu à Mahé le navire suivant. Et voilà que la mer commence à rouler de grosses vagues. M. le professeur Cosinus en oublie son bouquin de mathématique ; M. Pacolonpourunliar es tout transi. En moi-même je me dis : « Je voudrais bien voir un cyclone. Faire un voyage en mer, sans éprouver une sérieuse tempête, me paraît aussi dépourvu d'intérêt que de visiter une ménagerie où le dompteur n'est pas, à la fin, dévoré par les fauves. »

12 février.

Ce matin, on s'aborde en se demandant des nouvelles du cyclone. On rit d'avoir eu la frousse hier soir. Et cependant le commandant nous assure qu'un cyclone a sévi près de nous. Soyez sans crainte, nous dit-il, vous verrez plus tard par les journaux qu'un cyclone aura été signalé dans ces régions (1). La mer est toujours mauvaise. Peu de monde sur le pont. Je suis encore seul à me promener, mon ami Jean est malade, sa mère aussi. M. Cosinus est souffrant, et Madame Cosinus lui tient compagnie. Journée triste parce que je ne peux pas lire, et je n'ose écrire.

De la brume autour de nous. Pas de soleil.

13 janvier.

Cette nuit, un formidable orage a éclaté en pleine mer. Des éclairs, des coups de tonnerre sans trêve nous ont éveillés. Je suis allé sur le pont.

Le ciel était noir comme de l'encre et sillonné, de seconde en seconde, tout autour de nous par les nombreux zigzags lumineux de la foudre tombant comme à jet continu sur la mer, dans des roulements étranges de tonnerre et dans le bruit du vent s'engouffrant dans les toiles. Le *Roi des Radis* tangue, de grosses lames viennent se briser sur ses flancs et produisent un son lugubre. On dirait, tout cela, la grande voix de la mer en furie. Le vent souffle avec tant de force et la pluie commence de tomber, pénétrant partout, gênant tellement, que je me décide à regagner ma cabine pour prendre un peu de repos, avant le jour.

(1) En effet, ce cyclone a causé de grands ravages à Maurice.

Dans cette petite cabine tout est sens dessus dessous : mon compagnon est pris du mal de mer et ce n'est pas amusant de reposer tout près avec cette odeur pénible à respirer de détritus qui sont répandus sur les tapis. Eux-mêmes, ces pauvres tapis tout usés, nagent dans une eau noire et puante qui est tombée du pont dans le salon et s'est ensuite répandue, aux mouvements du roulis dans les cabines. Les cantines, sous les couchettes, s'imbibent peu à peu de la même eau sale. Sur le lavabo, les secousses brusques du navire ont brisé les verres et les carafes. Et j'ai peine à me maintenir debout en me tenant aux barreaux de fer des couchettes. Enfin je monte me coucher tout habillé sur une des couchettes supérieures, pour n'être pas trop gêné. Ce balancement continuel est pénible, en effet. Tantôt je me sens lentement entraîné les pieds en l'air, puis ensuite, violemment, c'est la tête qui s'élève et retombe comme dans un gouffre. Oh ! cette sensation que produit le navire qui tangue, qui s'enfonce dans les flots, elle n'a pour moi de comparable que celle que l'on éprouve en rêve quand on a l'impression de tomber de très haut dans le vide. Et au travers des cloisons minces qui séparent les cabines entre elles, on entend de ces haussements d'estomac, de ces vomissements qui vous incommodent toujours. Et l'eau pénètre aussi, sans cesse, par le salon, dans nos cabines, une eau toujours noire et sentant mauvais, venant des écuries, de la boucherie, situées au-dessus de nous, sur le pont, tout près.

*
* *

Ce matin, la mer est brumeuse et la pluie tombe à torrent. Impossible de demeurer sur le pont. C'est égal, nous approchons de la terre malgache. Bientôt, si le temps s'éclaircit, nous pourrons voir le cap d'Ambre.

PORTEUSES D'EAU MALGACHES.

CHAPITRE X

LA TERRE MALGACHE

Vers deux heures, sous le brouillard qui, peu à peu, se dissipe, au lointain, nous apercevons une ligne grise. Notre œil, déjà habitué aux horizons vagues, comme notre pied l'est aux mouvements du navire, suit la ligne grise qui est bien, en effet, un fragment de terre malgache. Nos longues-vues sont encore impuissantes à nous en rendre la perception plus nette. Nous attendons sur le pont où tout le monde se presse. Depuis quatre jours, la monotonie de ce ciel et de cette mer, toujours les mêmes, nous a tellement lassés ! Et on est si curieux de nouveauté ! Et puis, nous sommes nombreux qui n'avons encore rien vu de Madagascar, et il nous tarde de nous faire une opinion sur la Grande Ile, de dégager notre impression de la première vue, du premier contact.

Le *Roi des Radis*, un peu gêné par le vent, avance à une toute petite vitesse. Mais voici tout de même que l'horizon s'éclaire, le soleil brille et la ligne, bien indécise tout à l'heure, se précise, s'accentue. C'est maintenant un joli ruban vert foncé qui serpente au-dessus de l'eau. A mesure que nous nous rapprochons, la côte paraît fuir toujours plus loin, mais aussi, au second plan, se dressent derrière elle, de gros nuages sombres, qui semblent s'avancer sur nous, et qui pourtant sont immobiles : ce sont des montagnes de l'intérieur. Tout cela, ce paysage plutôt deviné que vu, est d'une couleur uniformément gris très sombre. Le navire avance toujours au bruit régulier de l'hélice, dans une atmosphère étouffante d'orage des tropiques. Et cette chaleur humide, malsaine, vous pénètre par tous les pores, vous pèse comme un suaire. On étouffe. On a peine à respirer. On se croit revenu aux plus pénibles jours de la mer Rouge. Le soleil s'est encore caché derrière des nuages. Et à leur tour ces nuages se sont absorbés les uns les autres et ne forment plus, au-dessus de nous, qu'une grande voûte très grise qui encore une fois dérobe à nos yeux la côte, une voûte ardente comme celle d'un four. Et sur les toiles du navire, c'est la pluie qui recommence à tomber, à tomber à torrent, comme d'un seul jet. On dirait une immense cataracte qui vient de s'ouvrir sur nous. Et cela dure une heure. Nous descendons dans nos cabines où l'eau se répand. On a bien fermé les hublots et les sabords, mais l'eau pénètre partout quand même, parce que notre pauvre *Roi des Radis* est archi-vieux, qu'il aurait besoin de se reposer pour l'éternité, de ses grands voyages, dans quelque baie de France ; qu'il serait sage de léguer sa vieille carcasse aux indigents frileux en quête de bois de chauffage, ses blindages à des embarcations plus frêles, et son souvenir aux héritiers de la navigation aérienne, des Santos-Dumont *and Company*.

Elle a cessé, la pluie, et nous remontons sur le pont. Nous sommes en face de la passe du sud de la baie de Diégo-Suarez.

Le goulet est étroit et l'île de Nosy-Volana le divise en deux passes. Celle du nord est impraticable. Celle du sud, au contraire, est profonde et sans récifs. Le navire s'engage dans la passe du sud. Nous sommes tout près, à une centaine de mètres de la côte. Elle est élevée, rocheuse, cette côte, et couverte presque partout de mousse grise, de grandes fougères et de petits arbustes vert pâle. Par endroit, la terre nous apparaît, saignante. Terre de sang baignée, terre de mort! Notre première impression de contact avec Madagascar comme elle nous a été, à tous, sombre! Pas un, j'en ai la certitude, n'a pu s'empêcher, en voyant ces sanguines, de penser aux milliers et milliers de petits pioupious, morts pendant l'expédition de 1895.

Morts de fièvre, morts de fatigue, morts d'anémie, morts d'insolation, morts de congestion, morts des maladies paludéennes vous tous qui avez succombé, loin de la mère patrie, sous les ardeurs trop fortes du Baal tropical, du monstre dévorateur, n'est-ce pas votre sang qui a rougi ces mornes solitudes malgaches, qui a donné à toute cette terre ingrate cette coloration vive d'écorché?

Plusieurs passagers à bord, et particulièrement l'Anglais qui a tout vu, disent que la rade de Diégo est supérieure à celles de Brest et de Rio-de-Janeiro. En réalité, à mes yeux, à moi, elle est splendide. Dix-huit à vingt kilomètres de profondeur, sur quatorze ou quinze de large avec quatre baies secondaires qui pourraient former des ports excellents. Et tout autour, ce sont de hautes collines vertes. Dans le lointain, dominant les baies secondaires de cul-de-sac Gallois et des Français; la montagne d'Ambre, au second plan, étage sa masse imposante.

Sous la terre fraîche remuée on devine, par endroits, quelques batteries nouvellement installées ; dans les vallées, derrière les collines, des cases en bois pour la troupe, paraissent; puis Antsirane, la ville.

Des maisons en bois, quelques-unes en bambou, des cases malgaches, et quelques constructions inachevées en pierres. Mais c'est petit, cela tiendrait semble-t-il, dans un mouchoir.

Et Diégo ?

— Diégo, me reprend-on, cela n'existe pas comme ville. C'est le nom du territoire dont Antsirane est la capitale. En face de la ville s'élève l'hôpital militaire, et c'est cela, purement et simplement cela, Diégo-Suarez.

En présence de Djibouti, je me suis aperçu que les bons géographes en chambre, qui m'ont tant occasionné de nuits sans sommeil, avaient parfois de singulières façon de se moquer des gens. Ici, comme chez Nicollet, pour emprunter l'expression de mon ancien professeur de littérature, c'est de plus en plus fort, ces bons vieux géographes parlent d'une ville qui n'est pas une ville, mais un hôpital tout simplement ! Et en France, cinq ou six milliers de futurs citoyens, qui ne font que quitter le biberon, se croiraient déshonorés s'ils ne s'habituaient pas de bonne heure à prononcer ces mots sonores et exotiques de Diégo-Suarez !! Diégo-Suarez !

— « C'est vieux, c'est vieux », vient me raconter le *Monsieur pas très fort* qui n'avait pas vu la mer Rouge, mais qui avait vu les Pyramides, « c'est vieux, on avait trouvé Diégo-Suarez bien longtemps avant d'avoir découvert Madagascar ! »

Le *Roi des Radis* jette l'ancre. J'ai hâte de mettre le pied sur la terre malgache, d'aller respirer de près l'odeur des orangers qui poussent partout, m'assure-t-on, dans l'île. Hélas! le port est mis en quarantaine. Il y règne une petite maladie très bénigne, quelque chose comme la peste. On descend les marchandises et ce sera tout.

Me voici réduit à passer la nuit à bord, parmi la musique des treuils, le grincement des poulies, le grelottage des chaînes, dans une atmosphère étouffante. Pour passer le temps nous aurons les moustiques qui commencent déjà à voltiger autour de nous avec leurs petites chansons *sui generis*. Eh bien! en voilà une idée. Pourquoi ne leur interdit-on pas l'accès du navire à ces monstres ailés, comme on le fait aux personnes d'Antsirane? Ils vont nous communiquer la peste!!

Sur le gaillard d'arrière, je m'installe dans une chaise longue, bien disposé à y rester la nuit entière, le bruit des treuils et des chaînes m'ayant chassé de la cabine, et la chaleur aussi. Je dors à peine, qu'ils sont vingt autour de moi, vingt moustiques. Et il faut déménager. Quelle nuit agréable!!! Je songe qu'en France on peut encore dormir tranquille! Les moustiques de mon cher Paris sont d'inoffensives bestioles, comparés à ces diables de malgaches!

Heureux pays!

Mais que faire?

Je vais m'accouder à la lisse, à babord, et suis la manœuvre du déchargement des marchandises dans de grands chalands. Vraiment, c'est curieux cette manœuvre à la lueur des torches que tiennent quelques Malgaches. Un petit soldat du génie surveille l'exercice. Ils sont vingt-cinq nègres dans le chaland. Il y en a un qui tient un parapluie. Il est couché sur le bord du bateau et regarde vaguement travailler les autres. C'est, m'a-t-on dit, le commandeur. Comme signe distinctif, il porte un parapluie. Deux autres s'amusent à danser en chantant un petit air monotone et font des grimaces horribles, montrant des dents très blanches et pointues sous leurs grosses lèvres noires, quatre ou cinq seulement travaillent, gauchement, laissant tomber les caisses qui se brisent avec un sans-gêne de commissaire.

15 janvier.

Au matin. Toujours immobile dans la rade de Diégo, le *Roi des Radis* continue de se débarrasser de ses marchandises. Et le ciel est encore voilé par de gros nuages gris. Des petites barques nous arrivent chargées de Malgaches, de femmes joliment bien peignées, dont les cheveux sont arrangés avec un soin infini et qui viennent pour embarquer, se rendant sans doute à Sainte-Marie ou à Tamatave. Mais on ne les accepte pas. Et les petites embarcations emportant les Malgaches coquettes, aux vêtements de couleurs criardes, rouge, blanc, jaune, orangé, s'en retournent vers Antsirane.

Mais voici venir une grosse chaloupe. Tout autour, émergeant de la mer, des têtes de bœufs attachés par les cornes au bord de la chaloupe, et dont le corps disparaît dans l'eau. C'est curieux ce convoi de vingt bœufs qui se dirigent vers nous. Ils remuent fort, et ce n'est pas chose absolument facile que de conduire cette embarcation. Enfin, ils ont atteint le côté babord du gaillard d'avant, une corde est jetée. On en attache un par les cornes, le maître d'équipage donne un coup de sifflet et l'animal est hissé en l'air, à huit ou dix mètres au-dessus du navire, battant des pattes, gesticulant; puis la poulie grince à nouveau, la corde se déroule et le bœuf retombe sur le pont du gaillard, on le pousse dans sa cage. Et cela continue ainsi pour les autres; messieurs les requins n'ont pas perdu un moment. Ils se sont attablés autour de la barque et ont dévoré deux derrières de bœufs. Lancés ensuite dans l'air par la corde que fait fonctionner le treuil, ces pauvres animaux sont horribles à voir, à moitié mangés.

*
* *

Deux heures. Nous repartons. Tant mieux. La mer est houleuse. Le vent souffle. Et toujours la côte qui nous entoure dans cette baie si vaste de Diégo-Suarez, continue d'être grise. Après avoir passé l'îlot des Aigrettes, tout intérêt disparaît : ce n'est plus que la mer, la mer toujours mouvante et le ciel, au-dessus, couvert de nuages aussi mobiles.

15 janvier.

Au matin :

Mer agitée. Vent. Pluie torrentielle. Nous allons vers Sainte-Marie. Beaucoup de tangage et beaucoup de roulis. Encore des malades.

6 heures du soir.

Comme une jolie corbeille de fleurs, Sainte-Marie émerge au-dessus des flots. Une verdure intense partout, avec çà et là des tons rouillés que font les cépées de bois de roses, les flamboyants incarnadins, les girofliers. Mais l'humidité continuelle qui entretient les plantes dans toutes leurs beautés verdoyantes, est fort préjudiciable aux Européens, qui ont toutes les peines du monde à s'acclimater sur cette île, la plus malsaine de la côte, dit-on.

Dans la rade d'Ambodifototra, le *Roi des Radis*, pour une bonne heure ou deux seulement a jeté l'ancre. Et c'est dommage que le temps ne nous permette pas d'atterrir. Cachées sous les arbres quelques jolies maisons blanches paraissent là-bas, se baignant dans l'eau claire et bleue. Si Sainte-Marie était plus montagneuse, ce serait comme un petit Mahé. Mais tout y est à peu près plat : l'intérieur autant que la côte.

6 janvier.

Mon compagnon de cabine me réveille de bonne heure.

— « Venez donc voir l'île aux Prunes ! Nous sommes presque à Tamatave ! »

Et je m'habille bien vite, et sur le pont, en effet, une toute petite île, comme un petit bouquet vert paraît. C'est l'île aux Prunes, le lazaret de Tamatave. Derrière, unie, monotone et grise, toujours la côte s'allonge, basse. Plus au sud, dans un ramassis de verdures, sous les filaos, les manguiers, et les jaquiers, des maisons, des toits rouges, se montrent. Mais on ne voit pas encore bien distinctement Tamatave, le grand port de Madagascar. Le navire décrit un long cercle pour entrer en rade. De prime abord, il semble qu'il n'y ait pas de rade. Mais notre œil de marin échappé de Montmartre et des Gobelins, a vite fait de reconnaître les bancs de coraux qui vont de l'île aux Prunes à la pointe Tanio, couronnée par un phare, — et forment une jolie rade sûre et spacieuse.

Nous nous approchons, et maintenant le warf, le port, avec quelques petites barques et deux ou trois vaisseaux d'un fort tonnage se montrent dans toute leur beauté pas très saisissante, il faut l'avouer. Tamatave, vue à distance produit un effet charmant; mais hélas! de près, l'illusion s'en va. A huit ou neuf cents mètres de la côte, nous mouillons. Une chaloupe de l'administration vient nous prendre à bord. Chacun s'occupe de soi et on n'a plus même le temps de dire adieu aux amis que l'on quitte.

Les bagages sont jetés avec fracas dans une baleinière. Des malles s'effondrent, il en sort toutes sortes d'objets; des sacs de voyage sont éventrés, des chaises brisées. Quel désordre!! Et nous partons, traînés, hommes et bagages, vers la terre, par un remorqueur. On est bousculé et comme écrasé dans cette embarcation trop petite, la chaleur de la chaudière nous cuit et le soleil par-dessus tout qui éclate dans le ciel maintenant sans nuages, nous inonde de ses rayons brûlants. Heureusement le trajet est court. Je vais voir mon oncle Louis, enfin, et il pourra me guider un peu. Je cherche dans cette foule, principalement composée de Malgaches qui stationnent sur les quais, et je ne vois personne ressemblant à l'oncle Louis. Je suis bien embarrassé! Mais voici que du bord on me recherche, on a affaire à moi. Qui sait! l'oncle Louis est sans doute allé à ma rencontre sur le *Roi des Radis*, j'aurais dû l'y attendre. Un petit mousse, qui vient de débarquer, me remet une lettre, une lettre de l'oncle adressée au commandant du navire.

Et vite je prends connaissance de la lettre de l'oncle. Il est malade et retenu à Tananarive. « Mais que cela ne te fasse pas de peine, me dit-il, tu te débrouilleras bien tout seul; dans la vie il faut savoir se débrouiller »; et l'oncle m'indique une maison à

Tamatave où je trouverai de braves gens et où je serai bien, en attendant le prochain départ pour Tananarive. C'est parfait cela; il faut se débrouiller, dit l'oncle. Mais comment faire? Ah! que d'idées tristes s'emparent de moi. Je veux faire porter mon unique petite malle. Mais le nègre auquel je m'adresse ne comprend pas un mot de ce que je lui dis. Si je lui parlais latin, pensé-je en moi-même? Et cette seule réflexion me fait rire, me ranime un peu.

Contre mauvaise fortune faisons bon visage. Oui, et la pluie, la voilà maintenant qui tombe très fort, et tout le monde se loge à l'abri comme il peut, sous les toitures de zinc des remises de la douane. Il y a des sacs de plâtre, des barriques d'essence, des fûts de vin, de la ferraille. Et les bagages sont laissés dehors, l'eau ruisselle dessus. Aucune précaution n'est prise par ces satanés Malgaches demi-nus qui regardent la pluie tomber avec le doux sourire de paresseux enchantés d'avoir ainsi une occasion de ne rien faire. Et cela continue, cette pluie, et on ne sait plus où se mettre, de grosses gouttes tombent un peu partout de la toiture, glissent sur le cou et peu à peu pénètrent sous les vêtements, imprègnent la peau d'une humidité peu agréable et malsaine. Il faut cependant attendre. Impossible, par un temps semblable, de se hasarder dehors. Et tout ce monde, accumulé là par l'orage qui passe, ne dit mot. Seuls, quelques Malgaches se disputent. Enfin la pluie cesse. Je recherche ma pauvre malle qui doit être bien mouillée, mais mes recherches, pendant longtemps, sont infructueuses. Je réussis tout de même à mettre la main dessus. Parmi un tas de colis, elle était placée à l'abri, sous les planches d'un bâtiment des douanes en construction.

Le plus curieux de l'affaire, le moins amusant toutefois,

c'était la réponse invariablement la même que me faisaient les employés des compagnies de batelage, auxquels je réclamais mon bagage.

« Je m'en fiche!! » Et singulièrement, avec un sans-gêne incommensurable, ils s'en fichent, en effet, ne s'occupent nullement de vous.

Un petit Malgache transporte ma malle à l'adresse indiquée par mon oncle Louis. Je le suis. D'abord, c'est une rue large, mais pleine d'eau, la rue du Commerce, ombragée d'énormes manguiers, de gigantesques jaquiers et de palmiers. Nous marchons sur les trottoirs qui sont généralement bitumés et plus élevés que la rue. De grandes maisons, presque entièrement construites en bois, bordent la rue : boutiques chinoises, cafés, hôtels, magasins... Et l'air est pesant. On étouffe dans cette atmosphère pleine d'orage. Puis nous prenons un petit sentier, une petite rue sablonneuse, partout recouverte de branches de filaos et de cocotiers avec, de-ci, de-là, des cases malgaches tapissées de ravenalas, recouvertes de bambous, ou de zinc. Encore une petite rue également ombragée et nous arrivons chez M. Jean Dupuis, vieil ami de tonton Louis.

Je suis reçu comme un enfant de la maison, à bras ouverts, je suis fêté, choyé. Si loin de France, cela est plus qu'agréable, c'est simplement délicieux.

Le père Jean Dupuis, vieux matelot comme tonton Louis, s'est retiré à Tamatave, y a fait du commerce, puis après quelques années a cédé à des Chinois son fonds de boutique, quand il a vu que les affaires n'allaient plus. Ainsi il a réalisé quelques jolis bénéfices qui lui permettent de vivre à son aise. Il est seul de blanc dans sa case. Plusieurs Malgaches lui tiennent compagnie : sa femme, la sœur de sa femme, la mère de sa femme, et aussi trois cousins de sa femme. Ces dames sont gentilles, mais leurs sourires me déplaisent. Elles montrent trop souvent leurs dents blanches et roulent des yeux qui ne sont pas séduisants comme ceux de ma petite amie Suzanne. La case est partagée en trois petites chambres. On m'en réserve une. On prépare un lit pour moi, un tout petit lit pliant, qu'on entoure avec soin d'épais rideaux de tulle pour empêcher les moustiques de me piquer la nuit! Et le papa Dupuis et moi nous sortons nous promener. Il veut me faire connaître Tamatave qui est, m'assure-t-il, la plus jolie ville de tout Madagascar.

Nous nous acheminons lentement vers le jardin public. C'est un éblouissement pour moi, ce jardin, bien cultivé, avec ses plates-bandes débordantes de jolies fleurs aux tons vifs; au milieu s'élève un coquet petit kiosque. Des fleurs variées et en grand nombre, fleurs des pays tropicaux, sont répandues partout, à profusion. Quelques plantes ont de larges calices en forme de coupe, ou des calices charnus en forme de cônes avec des fleurs blanches, quelques-uns étalent un corymbe flasque de fleurs de plusieurs centimètres de diamètre rouges incarnadines.

Il y a aussi des variétés de narcisses à longues tiges, recouvertes de fleurs bleu de ciel, des bruyères fleuries moins éclatantes de couleur que celles de France, des aloès, des violettes, des géraniums et des roses, des roses à profusion. Et l'ensemble est charmant. On ne se lasse pas d'admirer.

Quel changement brusque ! Là-bas, à Paris, à trois mille lieues d'ici, c'est l'hiver, c'est la triste saison désolée. La vie nulle part. Les grands jardins des Tuileries, du Luxembourg, le jardin des Plantes sont nus. Montant vers le ciel gris de fer comme de longs bras de suppliciés, les grandes arbres sans verdure noircissent à la brise. Et ici, c'est le printemps, presque un éternel printemps. Des fleurs s'épanouissent de toute part et un monde aérien d'insectes bourdonne tout autour!

En continuant notre promenade, nous trouvons des orangers, des citronniers — ils poussent aussi partout, — et des bananiers.

Mais les rues continuent d'être d'interminables ruelles de sable mouvant. Le papa Jean Dupuis commence à être fatigué et nous retournons chez lui. Le dîner est servi sur un bout de table. La nappe, quoique récemment blanchie, présente quelques larges taches. Sous notre poids les chaises crient et menacent à chaque instant de s'écraser. La table elle-même est si peu solide que nous n'osons trop nous y accouder. J'admire les verres, d'anciens pots à confiture, très larges et très hauts de bord. Le père Dupuis me raconte que le verre est excessivement cher à Tamatave. C'est presque un objet de luxe. Tandis que les pots à confiture se vendent assez bon marché. Et l'on a du moins l'avantage, avant de se servir du vase, de manger son contenu de confiture : coing, groseille ou framboise.

Pour être plus à l'aise, on dîne portes et fenêtres grandes ouvertes. L'air qui pénètre du dehors dans la case, bien que déjà la nuit soit venue, continue de nous maintenir dans une atmosphère étouffante de temps d'orage. Et, en effet, de moment en moment, quelques éclairs suivis de vagues et lointains roulements de tonnerre très affaiblis, nous obligent, par leur intensité, à fermer les yeux. Le père Dupuis parle de toutes choses, gaîment, l'air farceur, et sourit des bons mots qu'il dit, dans sa barbe grisonnante de vieux loup de mer. Cependant, le repas s'avance et, sur la nappe, des insectes, gros comme des coccinelles, se promènent, vont d'un couvert à l'autre. Les uns sont allongés comme des cloportes, d'autres rondelets comme des têtes de lucanes. Il y en a d'infiniment petits, et de plus gros. Il y en a de rouges, de verts, de violets, de gris, et surtout de noirs. Et cela augmente sans cesse. Quelques-uns volent, tombent dans les verres, se brûlent les ailes aux bougies. Mais au-dessus de nos têtes, au plafond, trois ou quatre petits lézards d'un beau vert se promènent tranquillement, s'arrêtent parfois et nous regardent. Sous nos pieds, entre nos jambes, deux chats maigres passent et repassent, miaulant faiblement, et un chien hurle à la porte.

— « Décidément, votre maison est une véritable... » je n'ose pas achever, j'hésite, et le brave père Jean Dupuis, riant aux éclats :

— « Oui, une véritable Arche de Noé ! Chez nous, il y a toutes sortes d'animaux ! Mais vous en verrez bien d'autres, mon petit ! Aux colonies, vous savez que l'on s'intéresse à beaucoup de choses... quand on s'intéresse à quelque chose ! »

Dehors, le chant des cigales dans les cocotiers augmente d'intensité et on entend aussi le bruit de la mer qui vient se briser tout près, sur les récifs de coraux de la côte ; des sirènes de navires en partance ; le sifflement de la locomotive du train d'Ivondrona qui arrive. Après dîner, je gagne ma petite couchette. Je voudrais bien dormir, mais la chaleur est trop lourde, et tout autour de moi des moustiques pullulent. Leur musique est assourdissante. Heureusement, ils ne peuvent, au travers de la gaze, pénétrer jusqu'à moi.

Ne pouvant dormir, je procède sur moi-même comme à un sérieux examen de conscience.

J'interroge le passé, mon passé, dans l'espoir d'y puiser de ces sérieuses leçons de courage et d'énergie oh ! si précieuses en face des obstacles de la vie présente. Et je n'y trouve rien.

J'ai fait cinq années de lycée, doublé ma rhétorique, traduit Horace, Homère, — avec un petit livre dans mon pupitre, un petit livre où la traduction était faite, — Lucrèce, Virgile, Gœthe et Schiller, Byron et Wordsworth ; commenté, dix ans durant, Racine, Corneille et Rotrou ; expliqué les *Pensées* de Pascal, les *Caractères* de La Bruyère, les *Maximes* de La Rochefoucauld. J'ai refait vingt fois les fables de La Fontaine en les appliquant aux hommes ; je connais un à un les exploits de Ramsès III Meiamoun qui troublait la terre d'Égypte seize siècles avant le Christ ; les batailles d'Alexandre, celles de Pyrrhus, les expéditions de Pompée. En un mot, l'histoire ancienne, l'histoire du moyen âge et l'histoire des temps modernes me sont familières. Et la géographie ! que de noms de rivières, de fleuves, de collines, de montagnes dans tous les pays, j'ai emmagasinés dans ma pauvre cervelle. Et la philosophie ! Platon, Aristote, Socrate, Bacon, Descartes, Pascal, Locke, Mallebranche, Leibnitz, Condillac, Hegel. Enfin, Kant, le *Summum* de la science. Tout, pour notre professeur se résumait dans la philosophie de l'Homme de Kœnigsberg. Quant à Royer-Collard, Jouffroy, Cousin, Damiron, Janet, on n'en parlait que pour les réfuter. Il était bien aussi parfois question du vieux bonhomme Baruch de Spinoza, qui polissait des verres de lunettes, mais on ne s'y arrêtait jamais longtemps. Et ce soir, à la veille d'entrer dans le grand inconnu, de lutter des jours et des nuits pour vaincre les difficultés que je vais immanquablement rencontrer sur ma route, je m'aperçois, hélas ! que toute cette science livresque, le latin, le grec, l'anglais et l'allemand, que j'ai tant étudiés et que je connais si peu ; que les traductions et commentaires des œuvres de l'esprit humain, œuvres transmises de siècle en siècle, comme des modèles inimitables d'éternelle beauté ; que l'histoire, la géographie et la philosophie, même la philosophie, ne me servent à rien !

Ah ! que ne m'a-t-on préparé de préférence des bras plus vigoureux, des muscles plus fermes, des jambes plus solides. Je suis déjà lassé physiquement autant que moralement et je n'ai encore rien fait. C'est plutôt triste. Et je songe à mon petit ami du bord qui se rend au lycée de la Réunion. Pauvre garçon, après cinq ou six ans d'études il se destinera à être colon. Quelle singulière préparation !

CHAPITRE XI

MONSIEUR L'INSPECTEUR DES RÉVERBÈRES

La chaleur commence à se faire sentir très lourde. Il est près de dix heures du matin. Au-dessus des hauts mangluiers, des cocotiers, des palmiers et des filaos, le soleil plane dans un ciel sans nuages, et ses rayons versent sur le sable fin une pluie brûlante d'étincelles aveuglantes, cependant que des feuilles de yucca et de citronnier, un son monotone de cigale se dégage.

Sur la place Duchesne, vingt-cinq à trente Malgaches munis de balais, sous la surveillance d'un agent de police sénégalais, — sabre au côté, bâton en main, coiffés d'un fez rouge éclatant, portant culotte courte, pieds nus, — font semblant de nettoyer la rue.

Avec une lenteur incroyable, quelques-uns poussent des feuilles mortes, des détritus; mais les autres, le plus grand nombre, à la file indienne, suivent le *commandeur*; indolemment, ils se balancent d'une jambe sur l'autre, laissant traîner leurs balais derrière eux. Pour plusieurs, archi-usé, le balai n'est plus d'ailleurs qu'un simple bâton. Et ils vont ainsi de rue en rue! Quel joli nettoyage ! On dirait une procession de carnaval.

18

*
* *

Dans un nuage de poussière passe une équipe de bourjanes, portant sur un filanzane un monsieur habillé de kaki, bien mis, casqué, guêtré, lorgnons sur le nez, barbe épaisse et soignée.

Une autre équipe suit, conduisant un monsieur mal mis, casqué, pas guêtré, mais également en filanzane.

Et derrière viennent trois Malgaches porteurs d'une échelle de deux mètres de longueur, environ ; puis quatre autres Malgaches avec une serviette, des vitres, une sacoche et de menus objets. Le monsieur bien mis, arrivé devant un réverbère, fait un signe. Les porteurs s'arrêtent. Et tous ceux qui suivent s'arrêtent également. Seul, le monsieur mal mis descend du filanzane. Les porteurs d'échelle s'avancent vers le réverbère, au pied duquel ils dressent leur échelle. Le monsieur mal mis grimpe dessus, ouvre la lanterne, prend une vitre, la remet à un Malgache qui la porte au monsieur bien mis ; le Malgache à la sacoche s'approche à son tour, présente un morceau de craie que le monsieur bien mis saisit. Il écrit un mot sur la vitre et la donne à un troisième Malgache qui la donne au monsieur mal mis, lequel la remet en place. Le monsieur mal mis descend de l'échelle, remonte en filanzane, l'échelle reprend sa place sur le dos des trois bourjanes et le cortège de nouveau poursuit sa route vers la rue Amiral-Pierre, où se trouvent un grand nombre de réverbères qui, les uns après les autres, subissent une inspection en règle.

Quelle comédie dont il faudrait rire, dit le père Jean Dupuis, si sous un autre titre administratif, monsieur l'Inspecteur des Réverbères, ne touchait pas un traitement annuel de huit mille neuf cents francs !

Y aurait-il lieu d'en pleurer?

*
* *

La chaleur continue, accablante.

Des Chinois, assis par terre devant leurs magasins, regardent les passants, causent entre eux. Et dans les rues, c'est, en effet un va-et-vient continuel : Européens vêtus de toile blanche, coiffés d'un casque colonial à larges bords ; Malgaches demi-nus, drapés dans leurs lambas aux couleurs ternes pour les hommes, bariolés aux tons vifs pour les femmes ; Indiens déguenillés, sordides ; créoles de Maurice et plus généralement de la Réunion, au teint bronzé, couleur variant du café au lait au chocolat : vrai mélange cosmopolite de peuples de races diverses.

Aux devantures des cafés, sous les tentes, à l'ombre des grands arbres, on se presse en foule. C'est que l'heure de l'apéritif approche. Et en attendant l'on se livre à quelques longues parties de cartes.

Tamatave est peut-être la ville du monde où l'on boit le plus.

CHAPITRE XII

DEUX LETTRES

Lettre de l'oncle Louis.

Atananarivo, 14 janvier.

Mon cher Gust,

Je mets la main à la plume et c'est pour te dire que tout va bien. Hier j'ai pu faire le tour de Mahamassina ; aujourd'hui je pense pouvoir faire celui d'Ambatonakanga. Ça ne t'apprend rien peut-être, ces mots malgaches, mais plus tard, j'espère bien te montrer ces différents quartiers de notre belle ville de Atananarivo. Aie bon courage, mon neveu. Sache te débrouiller. Vois-tu, tout est là. Écris-moi de suite pour me donner des nouvelles de ta tante. Ta lettre m'arrivera plusieurs jours avant toi. Tu prendras, toi, le chemin de fer à Tamatave pour Ivondro, puis à Ivondro tu auras le canal des Pangalanes, que l'on vient de percer jusqu'à Mahatzara. Arrivé dans ce village, tu prendras une équipe de bourjanes et un pousse-pousse. Il faudra t'adresser à l'administrateur que j'ai prévenu de ton arrivée. L'ami Jean te donnera des indications suffisantes pour vivre en route. Et puis tu te débrouilleras, tu es savant puisque tu sors des écoles, et tu es d'âge à te tirer d'embarras tout seul. D'ailleurs, tu trouveras partout sur la route des poules et des poulets, des bananes et du riz et avec ça on va loin. Mais fais attention aux chiques et n'aie pas peur de la fièvre.

Je te serre la main.

Ton oncle pour la vie,

Louis.

*
* *

De grands travaux d'utilité publique ont été exécutés à Tamatave. Le long de l'Océan, sur près de huit cents mètres, une immense jetée en maçonnerie de béton de ciment protège une grande partie de la rade. Couronnant la jetée et se prolongeant jusqu'à la pointe Tanio, le *boulevard Maritime* atteint presque trois kilomètres. Il mesure environ quinze mètres de largeur. Sur les bords on a planté des palmiers ! Comme ombrage c'est mince !

Le soir, quand le soleil commence à baisser à l'horizon, un grand nombre de personnes de Tamatave se promènent sur ce boulevard qui longe la mer. On y respire une tiède brise qui vient du large, chargée de sels, vivifiante. Des cactus, des sycomores nains, toutes sortes de lauriers font par endroits d'épaisses haies, très vertes, sur les rebords de la route. Et un minuscule chemin de fer relie le wharf à la pointe Tanio, un chemin de fer aux roues primitives, sans ressort, vous secouant d'une façon inquiétante ! A la pointe Tanio se dressent de belles constructions destinées à servir au Gouvernement Général et des casernes bien aménagées, aux toits de tuiles rouges.

Lettre à tante.

Tamatave, 18 janvier.

Enfin, chère tante, me voici arrivé et installé à Tamatave jusqu'au 21, jusqu'au départ pour l'intérieur de l'île. Tonton Louis souffrant est resté à Tananarive. Il m'a indiqué une maison très bien, où j'ai trouvé ici le gîte et la nourriture. Ma santé est parfaite. J'aurais voulu vous écrire plus vite. Mais je ne sais pas comment l'éloignement, la chaleur suffocante et continuelle, la monotonie de la vie ont pu me rendre à ce point paresseux :

Je n'ai plus aucune énergie ! Est-ce étrange, cette métamorphose ! Je ne me reconnais plus, hélas ! et je crois bien, comme George Eliot, que le déchet de l'énergie est ce qui mérite le plus de larmes. Vraiment, mon opinion, c'est que nous autres Français, nous ne sommes pas nés pour vivre aux colonies, pour y travailler avec fruit.

Tamatave, ville de trois ou quatre mille Européens et peut-être d'autant de Malgaches, n'a rien de curieux. Les rues, assez bien tracées, ne sont que sable, et la presque totalité des maisons sont en bois. Peu de demeures convenables. Le plus souvent de petites cases qui se louent plus cher que des appartements du boulevard Haussmann ou de l'avenue de l'Opéra. Le commerce est en décroissance. Plusieurs importantes maisons viennent de faire banqueroute, d'autres liquident ; un grand nombre ferment. Le mal, m'a expliqué l'ami de tonton Louis qui est mon hôte, réside dans le trop long crédit que l'on accorde aux débiteurs. Et il faut bien ajouter que les Chinois foisonnent ici et vendent à meilleur marché que les Européens. Ces gens, vivant de peu, se contentent de petits bénéfices. La concurrence qu'ils font aux Français est terrible pour ces derniers.

Une seule chose pourra sauver la colonie de Madagascar de la ruine vers laquelle tout l'achemine : ce sera, une fois qu'on les aura trouvées, l'exploitation rationnelle des mines d'or. Tout le monde attache, ici, une importance capitale à ces fameuses mines d'or, qui, jusque-là, ont surtout existé dans l'imagination des gueux et des fainéants.

Dites bien des choses aimables à Suzanne et à sa mère, je leur écrirai dans quelques jours.

Votre bien affectueusement dévoué.

GUST.

*
* *

Dimanche.

Extérieurement, l'église de Tamatave est un monument plus qu'ordinaire. Cependant, quand on pénètre à l'intérieur, on est tout de suite surpris par l'ordre, le bon goût qui a présidé à l'arrangement des tableaux, de l'autel, des fleurs !

Elle est vaste, cette église, et peut facilement contenir plus d'un millier de personnes. Aux alentours, se trouvent deux petites cours ombragées par des manguiers très grands. On entre par l'une, on sort par l'autre. Dès les premiers sons de la cloche, annonçant la messe, une foule nombreuse se presse à la porte : hommes, femmes, enfants conduits par les maîtresses d'école. En quelques minutes, tout ce monde est en place, assis. Les hommes occupent le milieu de l'église ; d'un bout à l'autre, la travée de droite est occupée par les femmes et par les filles, celle de gauche par les garçons. Et le plus curieux, ce qui frappe le plus l'Européen qui assiste, pour la première fois, à la solennité

FEMME MALGACHE PEIGNANT SA COMPAGNE.

d'une messe à Tamatave, c'est bien la coquetterie des femmes, qu'elles soient blanches ou malgaches. Partout profusion de fleurs et de couleurs. Dans cette église, les chapeaux des dames font l'effet d'une grande prairie ondoyante, aux plantes variées en pleine floraison, et au-dessous des coiffures couvrant les épaules des belles Malgaches, des lambas mis en diagonale aux teintes diverses, bariolés de couleurs criardes, où le blanc et le rouge, le jaune et le violet dominent invariablement. Plus sobres de nuance sont les vêtements des femmes européennes, mais ils se distinguent aussi par un soin, un fini d'ouvrier habile ! et la soie en est toujours de grand prix. Les dames se montrent élégantes, soignées jusqu'au bout des ongles, du pied à la tête, poudrées de riz.

Et puis voilà que le prêtre, âgé, cheveux blancs, un peu courbé, pâle, très pâle, commence les chants, et aussitôt plusieurs centaines de voix fraîches, douces, des voix de femmes et surtout de femmes malgaches, lui répondent. Et l'église s'emplit peu à peu des sons qui montent *crescendo*, qui montent toujours et qui s'arrêtent tous ensemble, pour reprendre un peu plus tard, plus forts, plus renforcés. Voix d'enfants et voix de personnes d'âge mûr, tout se confond, se mêle en un harmonieux murmure.

A la sortie de l'église, une foule de curieux se presse toujours pour voir les toilettes fraîches et pimpantes, les Malgaches, pieds nus, portant dans leurs lambas, sur leur dos, l'enfant crépu aux yeux déjà sournois.

La population indigène est surtout composée de Betsimisarakas au teint noirâtre, aux traits durs et peu réguliers. Les femmes soignent leurs cheveux qu'elles arrangent avec grand soin autour de leur tête, en grappes artistement tressées. Il faut les voir le matin assises deux à deux sur une natte, auprès d'un plat rempli d'eau, procéder à leur coiffure, à tour de rôle.

Le soir venu, sur le boulevard qui s'étend jusqu'à la pointe Tanio, elles se promènent nonchalamment les belles Betsimisarakas, pour la plupart, pieds nus, tête nue, le bras droit relevé, l'index allongé. Elles marchent en se dandinant un peu. Quelques-unes ont des souliers jaunes qu'elles retirent aussitôt que l'orage gronde, que la pluie menace de tomber. Il y en a aussi qui portent des chapeaux aux tons étrangement vifs. Et les Européennes et les Européens aussi se reposent de la chaleur de la journée en allant faire un tour de promenade à la pointe Tanio. Bicyclettes, filanzanes, quelques voitures, quelques chevaux circulent également sur le boulevard qui, aux approches du coucher du soleil, reprend un peu de vie, un peu d'animation. Et c'est le moment le plus agréable de la journée, à Tamatave. Une brise de la mer vous rafraîchit un peu et la vue domine un horizon vraiment joli : toute la rade et, au lointain, l'île aux Prunes qui surnage au-dessus du bleu de l'Océan comme une corbeille de fleurs.

CHAPITRE XIII

JOURNAL DE GUST

20 janvier.

Très drôle, l'aventure. C'est demain matin, à six heures, le départ pour Ivondro. Je suis allé ce matin, à la gare, demander la permission d'apporter ma petite malle à la consigne, ne désirant pas attendre au dernier moment.

Un employé me répond :

— *Il n'y a pas de consigne* !

— Et alors que faire ?

— Apportez vos bagages tout de même. Vous les laisserez sur les quais.

— Et si on les vole ?

— Oh ! il n'en est jamais volé *beaucoup*.

En voilà une réponse stupéfiante !

C'est le progrès. Autrefois, paraît-il, on partait tranquillement de Tamatave, avec ses bourjanes et ses bagages. Maintenant il faut attendre les départs du train pour Ivondro, de la chaloupe à Ivondro pour Mahatzara et on risque de se faire voler ses colis à la gare de Tamatave, avant même de partir.

EN CHEMIN DE FER !

21 janvier.

Je suis en première classe et fort mal à l'aise. Pas de vitres aux fenêtres. Pas de rideaux, et le soleil qui se lève sur la baie d'Ivondro me donne en plein visage. Les coussins, sur lesquels je suis assis, sont dépenaillés. La toiture du wagon est en si mauvais état que le jour pénètre à travers par de larges crevasses dues sans doute à l'ardeur du soleil. La lanterne a disparu. Il y a maintenant à sa place un trou ouvert à la pluie, au soleil, au vent, au-dessus de nos têtes.

Le train marche à petite vitesse, — une infiniment petite vitesse, quelque chose d'inconnu en France, soit une heure et demie et quelquefois davantage pour effectuer douze kilomètres cinq cents. Il s'arrête, ce train, de temps en temps, *pour faire du bois*. C'est qu'en effet la chaudière est chauffée avec du bois et, quand la provision manque, le mécanicien stoppe. Les chauffeurs descendent ramasser quelques brindilles les voyageurs aussi... parfois. Et on repart. C'est tout à fait gai. Mais hélas! quand la pluie tombe, ceux qui ont oublié leurs parapluies sont à plaindre.

Je riais du père Jean qui me recommandait ce matin de prendre mon parapluie ! Un parapluie en chemin de fer, mais à quoi bon ! J'oubliais que j'étais aux colonies, dans un pays très drôle, plein d'imprévu.

Précisément la pluie survient tout à coup. L'eau ruisselle maintenant de partout. Je cherche mon parapluie, et je l'ouvre.

Mes voisins en font autant. Sur les coussins troués, abrité par nos parapluies, nous rions de la situation comique.

— Il faudrait un photographe, hasarde quelqu'un.

Vraiment ce serait curieux, une photographie d'un train en marche sous la pluie de Madagascar, toujours torrentielle, avec, par les fenêtres sans vitres, une vue de voyageurs courbés sous des parapluies grand ouverts !

C'est dommage tout de même que cette pluie soit venue, elle nous empêche d'examiner le paysage qui semble, à une inspection rapide, assez boisé. Toutefois l'Océan continue de nous envoyer, par-dessus les touffes des cactus et les grandes fougères tropicales, sa plainte triste en se brisant sur les bancs de corail de la baie d'Ivondro.

CHAPITRE XIV

LES PANGALANES

Ivondro !

Une bourgade, avec une cinquantaine de cases malgaches, une gare en pierre coiffée de zinc et quelques rares habitations d'Européens ; une ou deux boutiques de Chinois, et c'est tout !

Nous descendons des wagons. En face, commence le fameux canal des Pangalanes dont on a tant parlé en France, voilà quelque temps. C'est comme un lac très allongé, bordé de plantes hautes de tiges, aux feuilles longues et pointues. Un petit bateau, archi-vieux, nous attend. Derrière, il y a un chaland où sont jetés pêle-mêle nos bagages, avec fracas, sans aucune attention. Un avis qu'on devrait bien afficher dans toutes les gares de la Métropole :

« Les voyageurs qui se disposent à parcourir Madagascar auront tout avantage à se munir de malles blindées de lames de tôle de cinq centimètres d'épaisseur *au moins*. Ce serait, en tout cas, prudent !! »

Jusqu'à Mahatzara nous allons voyager, nous et nos bagages, sur deux sortes de bateau : nous, sur un rapide ; nos bagages, traînés par un remorqueur ; train des voyageurs express, et train des marchandises extra-lent.

Mais le soleil est de plus en plus chaud. Et sur le petit bateau où nous prenons place, assis sur des bancs peu solides, nous n'avons qu'une mauvaise toile trouée au-dessus de nos têtes ; et, la chaudière qui dégage des jets de vapeur de deux tuyaux percés que ne réussit pas à réparer un mécanicien, nous baigne d'un nuage de fumée brûlante ! Tout le matériel d'ailleurs est délabré. Les *Messageries françaises de Madagascar* font bien les annonces !

« Le trajet entre les points extrêmes desservis par la compagnie, qui prenait autrefois quatre jours, se fait en dix heures, dans les conditions de confort moderne sur les vapeurs dont le « Charles Bricka » offre le modèle ».

C'est bien sur le papier, mais en réalité, les Pangalanes, par endroit, sont si peu profondes, que seuls les petits bateaux peuvent faire le trajet. Petits bateaux peu nombreux, mal entretenus, tombant en ruines et sur lesquels vingt fois pendant le voyage on est tenté de recommander son âme à Dieu ; petits bateaux qui restent en panne souvent à mi-chemin et mettent alors deux ou trois jours pour se rendre d'Ivondro à Mahatzara.

Les rives des Pangalanes retiennent un moment notre attention, mais à la fin, leur monotonie nous lasse. Toujours des filaos, des palmiers, des ravenalas et des rafias, toujours la même herbe grise aux longues feuilles pointues. Nous nous arrêtons à Tanitotsy. C'est la première station. Lassés d'être assis sous ce soleil si fatigant, nous descendons cinq ou six pendant que les Malgaches du bateau opèrent, avec une lenteur stupéfiante, le chargement du bois nécessaire au chauffage de la machine. Sur une éminence se dressent quelques cases bien lamentables. Deux ou trois Betsimisaraskas, au nez écrasé, à la chevelure touffue, nous regardent. Des enfants entièrement nus poussent des cris d'épouvante à notre approche.

Et puis nous repartons. Le canal des Pangalanes — qui n'est après tout qu'une longue suite de lacs reliés entre eux par quelques rares percements faits récemment, — tantôt se rétrécit et ressemble plutôt au canal de Suez, tantôt au contraire, et le plus souvent, s'étend au large, baignant des profondeurs vertes, grises, boisées ou nues. Par intervalle, on aperçoit la mer derrière les lagunes de sable, quand la ligne vert sombre des filaos s'interrompt.

Et la chaleur est toujours accablante et devient de plus en plus pénible par suite de la réverbération.

Nous nous arrêtons encore à Ampantomise, où nous déjeunons de quelques provisions apportées ce matin de Tamatave.

Le jour commence à baisser. Nous ne serons pas avant le soir à Andévorante. Il fait presque noir quand on prend du bois pour la troisième fois à Andavack. Le chaland des bagages passe devant nous. Notre pauvre bateau avance avec peine. Et il penche toujours plus, du même côté. Tout le monde a peur de plonger. Et l'endroit est mauvais, peuplé de caïmans sans nombre. Enfin, on jette un câble et le remorqueur du chaland des bagages nous traîne à sa suite. On va lentement maintenant. Et le câble tire fort, si fort qu'il se rompt, et c'est une longue manœuvre pour le rétablir. Décidément, nous n'arriverons pas cette nuit. Et nos provisions sont épuisées. Comme sur le radeau de la Méduse, allons-nous être obligés de nous dévorer les uns les autres ?

*
* *

Le paysage de mort que nous traversons en ce moment n'est pas pour nous égayer au coucher du soleil. L'eau est noire, sent mauvais. Et tout autour de nous, des ravenalas et des rafias, arbustes rabougris et tristes qui conviennent bien à ces contrées de désolation. Durant des kilomètres et des kilomètres, c'est partout la même chose : des marais couverts de mêmes plantes : rafias et ravenalas, et aucun être humain, aucun oiseau dans ces solitudes grises.

La nuit est venue. Autour de nous tout prend une forme indécise, tout se confond bientôt dans un noir profond. Heureusement, nous n'avons pas eu de pluie !

Assez tard, nous apercevons quelques lumières, qui sont les feux d'Andevorante. C'est là que nous allons quitter le canal des Pangalanes pour remonter l'Iaroka jusqu'à Mahatzara.

Mais nous avançons si lentement, si lentement, que toujours les mêmes lumières nous apparaissent lointaines.

L'eau a changé de couleur, sous la pâle clarté de la lune qui vient de se lever, elle est plutôt blanche, d'une jolie blancheur de lait.

Andevorante !

Encore une bourgade. Rien de curieux. Quand on est en France et que l'on voit ce nom écrit en gros caractères sur une carte de Madagascar, on s'imagine tout de suite un port important, une ville de commerce actif. La réalité diffère un peu! Nous pouvons descendre. Une heure d'arrêt. Nous en profitons pour aller dîner dans un mauvais restaurant où nous payons très cher pour ne rien manger d'agréable ni de bon.

ANDEVORANTE, SUR LA ROUTE DE TAMATAVE.

Je n'avais encore jamais vu autant de moustiques. Au restaurant, on ne pouvait les empêcher de tomber par dizaines dans nos verres. Et avec cela qu'ils respectaient nos mains, nos bras, nos visages, notre corps; même à travers la toile de notre pantalon, nous sentions leurs piqûres.

Oh! les sales bêtes!!

Des sifflements se font entendre et vite nous repartons. Ce ne serait pas gai de manquer le bateau et de coucher ici, il y a trop de moustiques ! et cela sent je ne sais quoi de désagréable, ces cases infectes !

L'estuaire de l'Iaroka est large, bordé, semble-t-il, sous la clarté de la lune, de rives aux herbes longues poussant drû. Je trouve comme une ressemblance entre la navigation de ce soir et certaines parties de bateau sur la Seine. Et cela suffit pour que, pendant quelques minutes, je resonge à ce vieux Paris, que j'ai peut-être, hélas ! quitté pour toujours, à mes amis du lycée Flaubert, à ma tante, à Suzanne !... Un léger nuage sombre sur cette nuit d'étoiles !

Mais où est-ce donc, Mahatzara ?

Plus on avance, et plus il semblerait que l'on s'en éloigne de ce feu aperçu il y a un moment et que l'on a dit être cette ville.

Une ville, Mahatzara ! sans doute comme Andevorante ! Ni bec de gaz, ni tramways !! Je commence a m'en méfier maintenant des prétendues villes de Madagascar.

La lune éclaire fortement le paysage. Elle brille au milieu du ciel bleu sombre, d'un éclat inaccoutumé, à mes yeux de petit Parisien. Elle rayonne tant de clarté que j'en suis tout surpris. Tout autour de nous, les rivages fuient dans l'ombre, quelques arbres qui paraissent être des palmiers, des bananiers bordent l'Iaroka. Partout nous voyons des lumières pâles qui sont dans l'herbe, ou qui volent à travers l'espace, très vite. Ce sont des lucioles. Et, en effet, c'est bien ici l'été, à l'inverse de la France, l'été torride des contrées tropicales. Et nous glissons toujours sur la même nappe laiteuse vers la mystérieuse Mahatzara, vers le point d'atterrissement, vers le repos, jusqu'à demain. Nous arriverons avant minuit, pensent quelques personnes. D'autres nous en donnent pour cinq ou six heures ! Et nous discutons encore, que le bateau annonce par un sifflement rauque que nous arrivons, que nous sommes arrivés. Il est onze heures. Des torches éclairent la manœuvre pour accoster. De grands diables de Malgaches, très nombreux, sont là qui nous attendent. Nos bagages sont arrivés avant nous et déjà on a commencé de les débarquer, toujours avec le même manque de soin, toujours sans précaution, avec fracas. Nous en avons pour une heure à nous reconnaître dans ces monceaux de colis. Je cherche bien vite mon lit pliant et ma malle, et je réussis à faire transporter le tout au caravansérail où je vais reposer cette nuit.

CHAPITRE XV

UNE NUIT AU CARAVANSÉRAIL

Très drôle notre arrivée. Le Malgache qui porte nos bagages ne connaît pas un mot de français et n'obéit que par signes. comme dans une école de sourds-muets ! ! Nous sommes deux qui nous rendons au gîte d'étape, choisir tout d'abord nos places pour cette nuit : un conducteur des ponts et chaussées qui retourne à Tananarive, et moi. Et le conducteur ne se souvient plus exactement de l'endroit où se trouve le gîte. Arrivés devant une grande habitation, couverture de zinc, véranda tombante, nous nous arrêtons. Et dans la nuit, apercevant un écriteau à une porte, je grimpe deux ou trois marches peu solides, je fais craquer une allumette et je lis :

« Attention à la peinture ! »

Tant pis, bien que cette inscription ne nous renseigne pas suffisamment, nous rentrons et nous faisons disposer nos lits et nos caisses dans une petite chambre très malpropre. Mon compagnon allume une bougie qu'il a eu soin de prendre le matin à Tamatave et la fixe sur un tabouret lequel se trouve là par hasard, et que les circonstances transforment en un chandelier assez étrange.

Oh ! mais, ça sent mauvais là-dedans. Ça sent la peinture ! Et c'est sale, infect ! Des taches de graisse partout, des assiettes dans un coin, qui n'ont pas été nettoyées ; une casserole à demi remplie d'une sauce quelconque moisie.

Nous installons quand même nos lits. Je prépare ma couverture et vite, me voilà prêt à dormir. Mon compagnon se déshabille et se couche. Il a des draps, un matelas. Moi je n'ai rien de tout cela. Un simple lit pliant sur lequel je repose enveloppé dans ma couverture, tout vêtu. Notre chambre est séparée des autres chambres par des cloisons en toile et en paillotte, et derrière ces faibles murs transparents, dans chaque petite chambre, chacun des voyageurs qui étaient avec nous sur les Pangalanes arrive à son tour et essaie d'improviser sa couchette pour dormir. Il y en a qui se trompent de porte et qui viennent nous gêner. Le conducteur des ponts et chaussées qui partage ma chambre est un peu dans un couloir, on se heurte à son lit. Et il crie continuellement :

— Qui est là ?

On lui répond en s'excusant. Enfin, il finit par s'endormir. Moi, je ne le puis, l'odeur de la peinture, la chaleur et surtout les conversations qui parviennent jusqu'à moi à travers les cloisons frêles de ma chambre, m'amusent au plus haut point. Ainsi je devine que, à côté, dans une salle assez vaste, logent deux messieurs, leurs enfants et leurs deux dames ; derrière, un administrateur-adjoint et un géomètre ; de l'autre côté, un ingénieur, sa femme et sa belle-sœur ; plus loin, des enfants qui pleurent.

— Éteins donc la camoufle, crie un des deux messieurs d'à côté, et une dame ajoute :

— Attendez un peu que j'aie fini de préparer le café pour demain.

Pendant ce temps le géomètre, derrière, fait connaître à l'administrateur-adjoint les dernières transformations opérées à Tananarive sur les places et dans les rues; et pendant ce temps l'ingénieur jure tous ses dieux de ne pas retrouver dans sa cantine les objets qu'il croit y avoir mis ce matin; et l'ahurissement des gens, plus loin, continue avec des mots qui reviennent toujours les mêmes : puces, moustiques, moustiques et puces !

Et il fait une chaleur orageuse là-dessous! on étouffe! Je transpire. Mon voisin se réveille brusquement, se retourne dans son lit, s'assoupit un peu, puis se réveille encore en grognant, un moustique vient de le piquer. Et maintenant, en effet, les moustiques commencent leur manège, qui se termine toujours par une piqûre pénible.

— Éteignez la bougie, fichtre!

— Attendez donc un peu, j'ai des chiques !...

— Jean, Jean, Jean, Jean qui dort!

— Quoi ? Déjà se lever ?

— Mais non, donne-moi du sublimé, j'ai des chiques !

Un frisson me passe sur le corps, rien que d'y penser à ces odieuses chiques, petites puces qui pénètrent dans les chaussures et se logent dans l'épiderme et sous les ongles des doigts de pieds. Affreuses petites bêtes qui occasionnent des douleurs atroces, quand elles ont réussi à s'implanter, à pondre leurs œufs. Elles se développent avec une rapidité..... phénoménale. Et c'est précisément pour cela qu'elles sont le plus à redouter. Aussi le voyageur soucieux doit-il, chaque soir, procéder à une méticuleuse inspection des extrémités de ses jambes. Avec une simple épingle, il peut enlever la chique et cautériser ensuite l'imperceptible plaie avec du sublimé ou de la teinture d'iode.

— Ah ! zut ! Je ne peux pas trouver ma vaseline !

Et je reconnais la voix de l'ingénieur, à laquelle une jeune voix de femme, celle de sa belle-sœur, sans doute, répond comme en riant :

— Oh ! mais, c'est impossible ici ! C'est plein de moustiques !

Et j'entends de petites tapes, comme pour se débarrasser des inlassables insectes.

— Toute la place d'Andohalao a été nivelée. On a formé un jardin public de la partie supérieure, et planté quelques arbres. Vous ne reconnaîtrez pas le quartier, à votre arrivée à Tananarive...

— Ah ! Quelle scie ! Quelle scie ! On ne peut pas dormir ! Mais éteignez donc la camoufle ! Ça attire les sales moustiques ! !...

— Yan... an... an... ma... man... an... ma... man ! maman ! maman ! ça me pique, ça me mord ! yan, yan... an... an... ma... man.. an... an... maman ! ! Y a des puces ! ! Yan, yan... an... an... ! ! !

— Mais enfin où est-elle donc ma vaseline ? Je l'ai pourtant mise dans cette caisse ce matin. Sabre de bois ! je perdrais bien mes deux oreilles !

Mon voisin, le conducteur des ponts et chaussés ne peut plus résister. Il se lève. Il va se promener sous la véranda. Moi, je ris en sourdine, ayant découvert un truc excellent pour éviter les piqûres des moustiques : une bonne friction d'alcool de menthe, puis la tête enveloppée dans mon capuchon de caoutchouc, je ne m'aperçois de rien.

— J'ai la tête grosse comme un ballon ! j'ai tué vingt-cinq

moustiques! Mais encore une fois, souffle la camoufle, ou je me lève !

— En faisant de la triangulation dans les marais de l'Ikopa, je me suis senti pris d'un peu de fièvre, mais cela est vite passé après deux ou trois grammes de quinine.

— C'est pénible tout de même ces satanés moustiques !

— A la bonne heure, j'ai trouvé ma vaseline. Ce que je vais me badigeonner !

— Attention aux chiques... N'allez donc pas pieds nus !

— Eh ! voyez donc ce lézard.

— Comme il est gros et vert!

— Faut-il le tuer ?

— Le rendement de l'impôt a permis de... Oh ! mais j'y suis, vous savez, j'y suis, oh ! c'est intolérable. Il y a un essaim de moustiques autour de moi... je me lève, je ne puis résister !...

Et moi, je finis par me demander si toutes les nuits vont être aussi peuplées de moustiques ; cela commence à m'inquiéter !

2 heures du matin.

Plus aucune lumière. Quelques personnes dorment par excès de fatigue et ronflent. J'entends une musique spéciale de ronflements, tantôt forts, tantôt faibles, avec l'inévitable accompagnement des moustiques qui chantent, eux aussi. Mon voisin continue de faire les cent pas sous la véranda. Je me lève à mon tour, car ni mon alcool de menthe, ni mon capuchon ne peuvent maintenant me préserver ; je me promène avec le conducteur des ponts et chaussées! Tout le monde peu à peu nous rejoint, chacun se plaint des moustiques. Et les petits enfants continuent de pleurer.

Yan... an... an... ma... man... an... an... Y a des moustiques... ça pique... ça mord!! Yan... an... an...

Et voilà tout à coup que, de la rue, à ces cris d'enfants, d'autres cris presque semblables, répondent, et un troupeau de chèvres, de boucs et de moutons s'approche de nous. Nous voulons mieux voir et nous allumons des bougies : il y a dans ce troupeau, avec les moutons, quelques bœufs et des cochons.

— En voilà une compagnie! Et à qui cela appartient-il, s'il vous plaît?

— A monsieur le marquis de Carabas!!

Et nous rions. Mais la pluie vient, torrentielle, et pendant que nous nous réfugions dans nos chambres pour être mieux abrités, le troupeau reste immobile, bêlant ou mangeant, ou grognant seulement, devant le caravansérail. Puis, la pluie ayant cessé, il disparaît peu à peu.

— Si les moustiques les suivaient encore, ces cochons! ces bœufs!

Hélas! hélas! trois fois hélas! les cochons, les bœufs, les moutons, tout le troupeau est loin maintenant... et les moustiques sont restés. Ils continuent de caresser peu aimablement les visages et les mains des rares dormeurs. O rares tout à fait!

O nuit de Mahatzara, chef-lieu du secteur des Tsimanola-Moraratsy! O nuit désastreuse! O nuit effroyable!

22 janvier.

Dans un minable restaurant où il y a bon vin et pain dur, nous déjeûnons bien. Un gros bonhomme de la Réunion, très anémié, nous sert ; il est aidé par deux ou trois petites femmes malgaches, très drôles, qui rient continuellement.

Des ouvriers, des employés viennent aussi déjeuner dans ce petit restaurant. Avant de se mettre à table, ils prennent tous un ou deux verres d'absinthe. Ils ont, ces hommes, des figures de déterrés : les yeux creux, des corps maigres à faire peur. Quel climat débilitant ! Il paraît que Mahatzara est un des points les plus malsains de toute l'île.

Après déjeuner, un monsieur, parmi nous, qui possède une bicyclette, veut bien la mettre à ma disposition pour un moment. Comme nous ne partons que dans l'après-midi, je profite de l'occasion, et me dirige sur la route de Tananarive.

C'est pour moi un véritable émerveillement. Je suis à six kilomètres, environ, de Mahatzara, au bord d'un ruisseau. Un oiseau d'un rouge étonnamment vif, un cardinal, perché sur une maîtresse branche de jaquier, fait entendre un chant très monotone. Tout près, un autre oiseau, une espèce de merle gris, un peu gros, arrange son nid. Dans le lointain, des chansons de tourterelles se distinguent parmi la stridente musique des cigales. Tout autour de moi le paysage s'étend, mamelonné, très vert. Par instant, quelques petits champs cultivés dans lesquels on brûle de mauvaises herbes. Beaucoup d'arbres et de beaux arbres : orangers, manguiers, cocotiers, palmiers, me rappellent que je suis très loin de France.

CHAPITRE XVI

EN POUSSE-POUSSE !

L'administrateur, prévenu par l'oncle Louis de mon arrivée, met des bourjanes et une petite voiture — pousse-pousse — à ma disposition. Il n'y a que quelques jours, me raconte-t-on, que l'on a importé du Japon ce mode de locomotion. On se servait exclusivement des filanzanes avant ces voiturettes. Et encore beaucoup de personnes préfèrent le filanzane, qui est une sorte de chaise à porteurs.

Je suis assez bien assis dans mon pousse-pousse, que deux bourjanes tirent dans les brancards, tandis que le troisième pousse un peu aux montées, retient au contraire la voiture aux descentes. Une capote en toile, avec ressorts en fer, que je puis abaisser ou relever à volonté, me préserve du soleil ou de la pluie. Mon panier de provisions est sous mes pieds et mon lit ficelé derrière moi. Le panier de provisions et le lit ne doivent jamais quitter le voyageur. Mes autres bagages suivent dans une petite charrette. La route est assez bien entretenue et surtout très fréquentée. On rencontre partout des Malgaches qui montent vers Tananarive ou qui descendent vers la côte. Ils portent des paquets attachés à de longues et grosses tiges de bambou par des fils de rafia. Ces paquets sont enveloppés dans des feuilles de ravenalas et soigneusement ficelés. Ils vont lentement. Ils se reposent souvent. Ils paraissent chargés. Quelques-uns marchent tout courbés sous le poids qui les accable. Ainsi circulent les lettres et les colis postaux entre la côte et la capitale. Tous les bourjanes saluent le Vahaza (1) qui passe sur la route, les uns d'un geste extra-comique qui rappelle vaguement le salut militaire, les autres, en ôtant leur coiffure de paille de riz. Les femmes sourient et inclinent par petites secousses brusques leurs têtes luisantes et bronzées, en montrant des dents blanches, longues et pointues. Les petits enfants, complètement nus, vous disent :

— Bonjo ! bonzou ! bonzo ! Méssié ! Mada !

Ils viennent souvent de loin, quand ils vous aperçoivent, pour vous crier sur le rebord de la route leurs salutations d'autant plus comiques que souvent ils appellent *Méssié* une dame, et *Mada* un *Méssié*.

Qu'importe, ils s'en retournent ensuite vers leurs cases très pauvres et très sales, l'air satisfait d'avoir accompli un devoir, et l'air aussi plus rassuré, comme s'ils avaient une peur atroce du *Ringa* (du blanc, distingué).

Le pays, que la route de Tananarive traverse, est accidenté. Partout, des mamelons recouverts d'une herbe grise, très courte, et entre ces mamelons de vastes terrains marécageux

(1) L'étranger, le blanc.

où poussent des cactus, des ravenalas, des lianes rabougries.

Des coassements de grenouilles, des musiques de cigales, se font entendre parmi ces végétations exotiques.

Une chaleur lourde qui tombe d'un ciel sans nuages, très limpide, enveloppe tout, péniblement. Hommes et bêtes, plantes mêmes semblent souffrir des ardeurs du Baal tropical. L'étendue, à de certains endroits culminants, est immense, et partout la même, toujours des ravenalas aux longues feuilles se recourbant en éventail des deux côtés de la tige principale, et des rafias aux troncs jaune sale, aux branches s'étendant en tous sens et dont les extrémités retombent jusqu'à terre.

Nous franchissons d'abord une région où les rafias dominent, puis une autre, où les ravenalas constituent l'essence principale. Et ces régions s'étendent des kilomètres et des kilomètres pendant lesquels on n'aperçoit aucun village, aucune case. On n'entend plus que le bruit des cigales. Il semble que les oiseaux mêmes aient fui ces lieux d'aspect si triste, ce coin de terre de désolation où même les plantes des tropiques ont peine à croître.

Mes bourjanes marchent bien. Ils courent parfois. Malheureusement ils ne connaissent pas un mot de français et, comme j'ignore complètement le malgache, je ne puis causer avec eux, C'est bien dommage.

J'aurais été si heureux de leur parler, de m'entretenir avec eux de leurs familles, de leurs occupations, de ce qui les amuse, de ce qui les attriste! Ce que sont leurs joies, leurs peines, j'aurais désiré tout connaître. Mais rien. Nous allons, les uns traînant l'autre, pendant huit ou dix jours, pendant huit ou dix nuits, vivre côte à côte, sans pouvoir échanger d'autre conversation que des signes pour demander du pain, du vin, de la viande, du riz. Je suis trop curieux pour rester longtemps ainsi. Je vais, aussitôt arrivé à Tananarive, étudier sérieusement le malgache.

Le conducteur des ponts et chaussées, qui a si bien dormi cette nuit à Mahatzara, dans ma chambre, suit à quelques centaines de mètres. Je suis très heureux de l'avoir pour compagnon de route jusqu'à Tananarive. Il me donne de bonnes indications, et il se fait mieux comprendre des bourjanes que moi, connaissant quelques mots malgaches appris autrefois dans ses chantiers de l'Imérina.

Nous allons coucher ce soir à Santaravy; demain soir à Beforona; après demain à Moramanga, ensuite à Sabotsy, puis à Mandjakandriana; après, ce sera enfin Tananarive. Nous avons tracé notre itinéraire à l'avance, pris nos dispositions pour le pain, le vin et les conserves qu'on ne trouve pas partout, il s'en faut.

*
* *

Nous sommes en plein dans la région des ravenalas qui poussent partout leurs longues feuilles en gigantesques éventails. A perte de vue il n'y a que ravenalas. On les appelle encore, mais je ne sais pourquoi, *arbres des voyageurs*.

Les premiers que j'ai vus, je m'en souviens très bien, c'était à Port-Victoria dans l'île Mahé, derrière la maison du gouverneur. Ils étaient plus élevés, plus touffus encore que ceux de

A SANTARAVY.

Madagascar. Et partout, là-dedans, des cigales qui ne cessent de faire entendre leur assourdissante musique. C'est, du reste, le seul bruit qui se dégage de ces solitudes.

Au soleil couchant nous arrivons à Santaravy au gîte d'étape. Il est construit en bambou, recouvert de rafias et de bambous ce gîte d'étape et sur une éminence qui domine le village. Et quel village ! un logement de gendarmerie et, autour, une dizaine de cases malgaches, et c'est tout. Pas un marchand, pas un épicier. Rien, absolument rien. Le gîte est aéré. Mais sur le plancher, des milliards et des milliards d'infiniment petites bestioles voyagent ; sous la toiture de gros rats se promènent, et la nuit, sans doute, messieurs les moustiques doivent procurer aux passagers des divertissements qui les dispensent du sommeil ! Enfin, nous nous installons. Mes bourjanes préparent mon lit, ma couverture, vont chercher de l'eau dans un seau de toile que j'ai pris à Tamatave. Ils m'apportent ma chaise longue, je quitte mes guêtres, mes souliers et mes bas, et après m'être lavé les pieds, un Malgache muni d'une épingle, attentivement passe chaque orteil en revue ainsi que la plante du pied. Pas la moindre trace de chique, tant mieux. Je reprends mes bas, des chaussures de repos, et pendant que je rêve un peu en présence d'un paysage étrange et curieux, mes bourjanes préparent, en silence, le dîner. Le dîner, c'est-à-dire placent sur un journal assez propre, couvrant, en guise de nappe, la table unique du caravansérail, une boîte de sardines, et quelques œufs durs. Ce sera le repas du soir que partagera avec moi M. le conducteur. Nous avons en plus quelques litres de vin de Sauterne et du Médoc et une ou deux boîtes de petits gâteaux de Lefèvre-Utile, de Nantes. En somme, tout ce qu'il faut pour ne pas, tout à fait, mourir de faim en terre malgache. Et nous dînons de grand appétit, dérangés seulement par de microscopiques petits insectes qui nous importunent.

Devant nous, il y a des collines grises et rouges qui peu à peu s'assombrissent sous la nuit qui vient très vite après le coucher du soleil. Et comme il n'y a rien de curieux à examiner, nous nous disposons à dormir, à réparer les fatigues de la précédente nuit par un bon sommeil. Hélas ! nous n'avons pas de moustiquaires et nous ne pouvons encore dormir, une quantité, qui vraiment doit être considérable, de moustiques, de puces et autres bestioles non moins désagréables, s'acharnent après nous. Aux jambes, aux bras, au corps, à la figure, ce n'est partout que piqûres douloureuses, que démangeaisons atroces. Et toute la nuit, c'est la même agitation pour se défendre d'un geste de moustiques qui bourdonnent à votre oreille, pour se gratter des piqûres.

23 janvier.

Ne pouvant dormir, nous repartons de grand matin. L'étape est longue d'ici à Beforona et nous tenons à arriver, si possible avant l'orage, car nous sommes en plein dans la saison chaude, dans la saison des pluies, et d'ordinaire si la matinée est assez belle, le soir, il y a presque toujours des orages terribles, éclairs, roulements de tonnerre et pluies diluviennes. Autant vaut, si l'on peut, se mettre à l'abri de tout cela.

Nous prenons rapidement notre café et nous partons. Il fait encore sombre et nous avons de la peine à distinguer la maison à couverture de zinc de la gendarmerie. Nous traversons peu après un grand village que les Malgaches nous disent être celui de Ranomafana et qui dort aux deux bords du chemin, à cette heure extra-matinale.

Et nous continuons notre route vers l'Imerina, dont nous sommes encore bien loin. De temps en temps nous entendons des cailles qui chantent dans les ravenalas et toujours l'infatigable cigale qui nous énerve, à la fin, avec sa monotone chanson. Quelques grenouilles, genre rainette, se mêlent aussi au concert des cigales.

Et maintenant voici le jour qui pointe. Vraiment, il y a eu jusque-là, depuis notre départ, un peu de fraîcheur dans l'air, mais combien peu ! C'est le meilleur moment pour voyager. Nos pousse-pousse roulent presque sans bruit sur la route encore humide de la pluie de cette nuit, et nos bourjanes paraissent heureux du petit *cadeau* que nous leur avons fait ce matin. Ils semblaient ne pas s'y attendre. Le mot *cadeau* est passé dans leur langue. Ils disent *cadeau* comme ils disent *vahaza*, *ringa*, *ramatoa*.... Et ils connaissent encore mieux la chose à laquelle ils sont on ne peut plus sensibles...

La route est accidentée, toujours des montées et des descentes rapides, et des détours brusques à chaque kilomètre. Nous marchons aux montées, pour reposer un peu nos bourjanes et pour nous remuer les jambes à moitié engourdies, dans l'immobilité du pousse-pousse.

Déjeuner à *Ampassimbe*, dans le gîte d'étape, sur un mamelon, à côté de la gendarmerie. Sieste d'une heure dans nos chaises longues, puis nous partons à deux heures pour Beforona.

Nous arriverons bientôt dans une zone accidentée, couverte de forêts. Déjà nous sentons comme les vagues commencements de la *Grande Forêt* au milieu de laquelle nous ne serons vraiment qu'après Beforona.

Mais c'est déjà curieux, ces abords forestiers. Et cela nous repose un peu de la monotonie de la région des rafias et de celle non moins monotone des ravenalas. C'est une nature désormais variée d'aspects et plus gaie. Nous entendons dans les ravins des murmures de ruisseaux qui fuient sous les arbres. Quelques rares oiseaux voltigent dans les branches au-dessus de nos têtes, et par moment nous distinguons le chant de la caille dans les rizières. Le long de la route de jolis bananiers balancent des régimes de bananes d'un beau vert jaunissant. Nous rencontrons quelques villages avec toujours les mêmes lamentables cases de bambous et de ravenalas et les mêmes petits enfants nus, couleur café au lait, les mêmes ramatoa (femmes), les mêmes Malgaches betsimisarakas longs, aux membres grêles.

Beforona.

Il est cinq heures du soir, quand nous apercevons les premières cases de Beforona, puis peu après la localité, en entier, apparaît.

Dans une plaine marécageuse, resserrée entre de grands contreforts de montagnes rondes, une centaine d'habitations de Malgaches constituent le village. Au sud, le gîte d'étape, le bureau des postes et télégraphes, la gérance d'annexe aux toitures de paille de riz ; l'hôpital abandonné, recouvert de zinc, avec véranda au premier étage — construction soignée, ayant bonne apparence. Au nord, le logement de l'administrateur, récemment construit en bois, avec toitures d'ardoises. Un escalier interminable y conduit à travers des jardins superposés très bien cultivés. En bas, dans la Beforona indigène, parmi les cases betsimisarakas, une boutique chinoise remplie de conserves et de liqueurs; un tout petit restau-

BEFORONA

rant où, pour beaucoup d'argent, on est très mal soigné, car tout y manque, comme dans toutes les hôtelleries minables de la route.

Nous prenons nos dispositions au gîte d'étape. Nous faisons mettre nos lits en place, et, pendant que l'on prépare notre dîner, nous allons nous approvisionner de vin et de pain à la gérance d'annexe — magasin militaire renfermant des denrées qui appartiennent à l'État, et administré par des sous-officiers, sous le contrôle de l'administrateur de la localité.

Et voilà que juste au moment de nous mettre à table, de nous restaurer sérieusement avec une soupe appétissante qu'une dame française, qui s'est trouvée au caravansérail avec nous, a préparée de son mieux, le sergent faisant fonction de gérant du magasin militaire des vivres vient m'inviter à aller dîner chez le capitaine administrateur, commandant le district.

Quelle surprise ! Mais je ne le connais pas du tout ce capitaine ! C'est sans doute un ami de mon oncle Louis. Je ne puis pas refuser. Ce serait malhonnête. Et je cours endosser des vêtements propres, car ceux qui me recouvrent sont peu présentables, tachés de sueur et de poussière, et je rejoins la maison de l'administrateur. Nouvelle surprise ! A Madagascar, j'ai perdu la notion du temps et des choses, apparemment. Quel niais je suis ! J'avais tout oublié. Mais l'administrateur de Beforona est le père de mon petit ami Jean, et sa mère, que j'ai connue sur le *Roi des Radis*, me vaut cette invitation. Je l'en remercie beaucoup. Je m'informe de Jean au lycée de la Réunion. On n'a pas encore de nouvelles de lui ; mais on espère bien qu'il s'habituera rapidement là-bas. Du reste, la Réunion est un pays relativement sain et agréable, comparé à Madagascar.

M. l'administrateur, qui a fait construire sa maison, est vraiment bien logé. Nous passons dans la salle à manger. Un petit boute (1) nous sert à table. Il a huit ou dix ans, tout au plus, ce petit Malgache. Il vient de Tananarive, où il était employé au Cercle

(1) En Malgache *boto*, domestique.

Français. Nous dînons en causant, nous mangeons des pêches. Je suis enchanté de cette soirée qui se prolonge très avant dans la nuit; je regrette seulement que mon ami Jean ne soit pas avec nous....

*
* *

Au gîte d'étape, c'est toujours la même chose: encore des moustiques; et personne ne peut dormir. Nous repartons de grand matin pour arriver assez tôt à Moramanga, où nous nous proposons de coucher.

CHAPITRE XVII

LA GRANDE FORÊT

24 janvier.

C'est toujours la nuit et nous avançons lentement. Nos bourjanes marchent difficilement dans les ténèbres du matin. Les pierres de la route, qu'ils ne peuvent éviter, ne voyant pas suffisament, les font souffrir. Mais, en revanche, on est plus à l'aise dans la fraîcheur nocturne. Mon compagnon et moi nous nous endormons dans nos pousse-pousse. Et cela n'est pas surprenant. Nous avons tant besoin de sommeil et depuis trois jours il nous a été impossible d'en goûter.

Heureux pays, le pays où bourdonnent, autour des orangers fleuris, des moustiques aux longues ailes, gros comme des mouches !

Mais le sommeil ainsi pris est loin d'être réparateur. On se réveille, au contraire, plus lassé et surtout de mauvaise humeur. Toujours le coassement de la petite grenouille des bois ! toujours, de temps en temps, la chanson stridente de la cigale et les appels de la caille qui continuent pendant la nuit. Et le bruit du vent dans les palmiers du bord de la route nous berce doucement.

Maintenant le jour est venu ; une lumière grise inonde toutes choses, terres et plantes également grises. Je descends de voiture, je marche un peu pour finir de me réveiller et aussi pour mieux voir le paysage.

Nous sommes dans la *Grande Forêt*. Des deux côtés de la route, de beaux arbres, recouverts de lichens et de mousses grises, poussent dans un désordre surprenant, pêle-mêle, sont entremêlés les uns dans les autres. Des ruisseaux coulent sous des troncs brisés, dans des enchevêtrements de végétation, sur des rochers noirâtres; une infinité de ruisseaux dont l'eau, par endroits, tombe en cascades ou semble dormir comme dans un lac ; des troupeaux de gros bœufs y boivent et repartent nonchalamment dans la clairière. Une variété rare d'essences de toutes sortes poussent confusément : bambou, lianes, longazo, rafia, ravenala, ébène, palissandre et beaucoup d'autres ressemblant plus ou moins au bois de teck, qui sont, peut-être, même des variétés de bois de teck. Et sur les rebords de la route, il y a de jolies petites orchidées en fleurs, violettes et roses. Ces talus découvrent une argile rouge sanguine, d'où émergent quelques granits qui contiennent souvent des cristaux de quartz. Tapissant le sol, au-dessous des grands arbres, des fougères arborescentes forment comme une multitude de parasols d'un vert tendre. Les longues tiges flexibles des bambous se recourbent vers la terre en décrivant un demi-cercle. Et à divers moments le tahitsoa, qui est une sorte d'oiseau bleu, s'envole d'une branche à l'autre en poussant un cri désagréable. Plus rarement encore, on enten' la plainte désolée du babakota, variété de petits singes à courte queue. Par contre, les cardinaux abondent. Si petits et si rouges, ces oiseaux intéressent vivement dans ces solitudes forestières. Le murmure du vent, dans les cimes des arbres; le bruit des sources qui suintent aux parois des rochers; les gazouillements des ruisseaux entre les branches; les chutes de rivières sur les roches; les fuites précipitées de minces filets d'eau le long de la route; les cigales et les rainettes, tout cela et le frisson vague de la forêt tout entière, sous les caresses des premiers rayons du soleil tropical, produit l'impression d'une immense usine invisible dont toutes les machines fonctionnent en même temps. Et lorsque, le soir, le torotoroka (1) pousse son grincement pénible, l'illusion est complète.

Le sol est accidenté, toujours, très montagneux, faisant par intervalles des pentes rapides, des gorges profondes, des sommets abrupts, que la route contourne le plus souvent. Mais que l'on monte ou descende, l'air est agréable à respirer, un peu frais sous ces immenses verdures.

Au milieu de la forêt, à Amparafara: déjeuner sommaire, sieste d'une heure dans une case malgache assez propre que les propriétaires mettent gentiment à notre disposition avec des nattes de rafias pour nous reposer. Une troupe de poules et de poulets moins timides que les indigènes viennent manger les miettes tombées de notre repas.

(1) Sorte de singe dont le cri ressemble à celui d'une poulie qui grince.

*
* *

Dans la large clairière où nous nous trouvons, le soleil

Tombe en nappes d'argent des hauteurs du ciel bleu.
Tout se tait. L'air flamboie et brûle sans haleine
La Terre est assoupie en sa robe de feu.

Et même sur la lisière sombre de la forêt qui dort, immobile en un pesant repos,

Quelques bœufs blancs couchés parmi les herbes,
Bavent avec lenteur sur leurs fanons épais,
Et suivent de leurs yeux, languissants et superbes,
Le songe intérieur qu'ils n'achèvent jamais.

Mes vieux souvenirs littéraires me reviennent en pleine forêt malgache! Est-ce singulier? Mais au fait, Leconte de Lisle était presque du pays : il n'y a que quelques heures de navigation entre Tamatave et la Réunion, son lieu d'origine.

*
* *

Mes bourjanes s'arrêtent de temps à autre pour se rafraîchir aux sources que l'on rencontre partout sur la route, puis se mettent à courir, se disputent à qui tiendra la tête de la caravane de voyageurs. Nous nous sommes, en effet, rencontrés assez nombreux dans ce village de Amparafara, et il y a bien trente petites voiturettes pousse-pousse qui se suivent maintenant sur la route tortueuse. Et nous bavardons les uns avec les autres, tout en conservant nos ombrelles ouvertes, chose indispensable sous le soleil ardent.

LA GRANDE FORÊT.

*
* *

Toute cette région que nous traversons depuis la mer, Tamatave, Mahatzara, Beforona, est excessivement fiévreuse. Et chaque soir, par précaution, nous prenons un peu de chlorhydrate de quinine. Quelques voyageurs, qui nous accompagnent, préconisent pour éviter la fièvre un bon apéritif, absinthe sans sucre, de préférence. C'est absurde. Mais enfin tous les goûts sont dans la nature... même à Madagascar !

CHAPITRE XVIII

TOUJOURS EN POUSSE-POUSSE

Moramanga.

Le gîte d'étape est entouré de pêchers dont les branches surchargées de jolies pêches presque mûres retombent à terre ; les murs sont en pierre, et récemment badigeonnés à la chaux. Au-dessous, le village s'étend très loin aux deux côtés de la route très large, plantée d'arbres. Au-dessus, se trouvent la gérance d'annexe où nous allons renouveler nos provisions de pain et de vin, et la maison de l'administrateur, ainsi que le bureau postal et télégraphique. — L'aspect de Moramanga est plutôt gai, avec les maisons du village européen, blanchies à la chaux, et recouvertes de tuiles, rouges pour la plupart. Bien que ce soit encore le pays des Betsmisarakas, on sent tout de même l'influence du Hova qui descend facilement ici des hauts plateaux de l'Imerina.

Les cases des Malgaches sont plus soignées, ont un cachet plus riant que celles que nous avons rencontrées jusque-là. La population aussi nous fait l'effet d'être plus ouverte, plus souriante.

Comme toujours, nous dînons très mal dans un restaurant où nous payons très cher. Nous dînons de conserves et d'œufs, et nous étions allés au restaurant pour varier notre provision ordinaire, faite en route, toujours de conserves et d'œufs. Comme nous tombions bien ! Et en revanche, on nous sert un vin aigre qu'il nous est impossible de boire.

Au gîte d'étape, sur des nattes, très propres, nous nous rendons nous coucher pensant être plus à l'aise que dans nos lits. Nous évitons d'allumer nos photophores pour ne pas attirer les moustiques. Il paraît qu'ici il y en a peu.

Hélas ! C'est encore une affreuse blague que l'on nous a racontée là, en dînant !

A peine sommes-nous sur le point de dormir que la musique habituelle recommence. Moustiques de Mahatzara, moustiques de Santaravy, moustiques de Beforona, ou moustiques de Moramanga, les moins mauvais ne valent rien ! Quelle idée le fabricateur souverain a-t-il eu d'inventer une animalcule aussi détestable !

25 janvier.

Départ à sept heures ! Nous n'allons pas aujourd'hui faire une longue étape, puisque nous avons intention de passer la nuit à Sabotsy, à trente-cinq ou trente-huit kilomètres de Moramanga. Le soleil commence déjà à chauffer dur. La route est très large, plantée d'arbres. Nous sommes dans les grandes plaines que forme la vallée du Mangoro, un fleuve que nous traverserons dans une heure ou deux. Pays plat, vastes terrains marécageux dans lesquels pousse une mauvaise herbe grise qu'aucun troupeau ne paît. C'est cela cette vallée du Mangoro, la région la plus fiévreuse, peut-être, de tout Madagascar, Aussi nous nous hâtons tout de même de la franchir. D'ailleurs l'heure est la plus convenable. De très matin, un immense brouillard irrespirable, couvre tout le pays et est malsain au plus haut point. Par mesure de précaution, nous nous sommes décidés

MORAMANGA, SUR LA ROUTE DE TAMATAVE.

à partir tard. Nous sommes des voyageurs prudents et éclairés.

La plaine du Mangoro s'étend très loin, bordée à l'horizon par des semblants de gros nuages sombres lesquels ne sont autre chose que des montagnes : le massif du Fody qui domine le cours du fleuve et tout le pays environnant.

De très loin, nous l'apercevons, le Mangoro, long et tortueux ruban d'étain, au milieu d'une contrée grise et jaune. Par endroits de maigres bouquets d'arbres cachent quelques cases malgaches. Mais l'ensemble est plutôt triste. Ces étendues immenses, sans un troupeau, sans un être vivant, nous donnent une impression pénible. Dans ces espaces désolés, on voit par intervalle de longues pierres pointues, recouvertes de microscopiques champignons qui leur donnent des teintes gris foncé et jaune sale. Elles sont fixées dans la terre par une extrémité et rappellent assez bien les menhirs de basse Bretagne, popularisés par l'image. J'ai demandé des explications à mes bourjanes. Ce sont des pierres sacrées. Les Malgaches les vénèrent pour leurs vertus. Selon eux, il y en a qui « marchent », d'autres qui « gloussent ». Un peu comme en Bretagne. Ces superstitions des Malgaches me rappellent celles des Bretons. Elles ont, en ce qui concerne les « pierres sacrées », beaucoup de rapports. Le fonds de la nature humaine n'est-il pas parttout le même?

Nous franchissons le Mangoro dans nos pousse-pousse sur un bac. Il a bien quatre-vingts mètres de largeur, ce fleuve inutile par suite de ses rapides, de ses chutes. Quel dommage que l'on ne puisse pas le rendre navigable!

Environ à cent mètres au-dessus du Mangoro, se trouve le caravansérail d'Andakana, où nous nous arrêtons pour déjeuner. Nos bourjanes se hâtent de mettre nos provisions en ordre sur la table, nous apportent de l'eau et s'en vont manger leur lard et leur riz dans une case malgache tout près. Avant, ils ont eu soin de se laver les jambes et le dos au fleuve. Une manière à eux, que j'ai déjà remarquée, de procéder à leur toilette, ce qu'ils ne manquent presque jamais de faire à l'arrivée au gîte d'étape.

Sabotsy.

Quel charmant pays! Sabotsy se trouve construit dans une île de verdure. Tout autour, là-bas, des rizières qui s'étendent très loin, jusqu'aux contreforts de la chaîne de l'Angave. C'était autrefois la propriété de l'ex-premier ministre qui avait, là, d'importantes plantations de thé et de café.

Nous avons laissé au bas du plateau sur lequel s'étage les maisons de Sabotsy, nos pousse-pousse, et par un escalier très large et très long, taillé dans la terre rouge, nous sommes montés jusque sur la place du village, au gîte d'étape. Cette place est assez vaste, ombragée d'une infinité de beaux pêchers surchargés de fruits, auxquels, en passant, nos bourjanes mordent à belles dents. Il n'y a pas un épicier, pas un marchand à Sabotsy, et en effet le maître d'hôtel de Mazina, petit village infect sur le bord de la route, désireux avant tout de nous offrir, moyennant force argent, un détestable dîner, nous a prévenu que nous ne trouverions rien ici.

Oh! que si! Nous envoyons chercher l'administrateur indigène qui ne tarde pas à nous arriver, l'air épouvanté, pieds nus, pantalon et veston avec broderies d'argent, coiffé d'un fez rouge avec gland d'argent, revêtu en un mot des insignes de sa fonction, auxquels il a, sans doute, ajouté quelques ornements pour paraître plus imposant.

Nous lui expliquons que nous ne voulons pas mourir de faim, qu'il nous faut des œufs, de la viande et du sel.

Alors, il m'emmène chez lui, dans sa case qui est proprette. Sa femme, une Hova, jolie, souriante, arrange sur une natte au milieu de la pièce divers morceaux de viande de bœuf qu'elle se propose certainement de vendre aux bourjanes. J'en choisi deux que je paie, puis on me donne du sel et des œufs. Et c'est ainsi que, ce soir encore, nous pourrons dîner. Et comme nous sommes déjà dans une région élevée, où l'air est moins chaud que partout ailleurs où nous avons séjourné, j'espère bien que nous pourrons aussi dormir un peu.

26 janvier.

Devant nous, sous le clair matin, comme une immense muraille dentelée de forteresse, la montagne semble borner la route. Derrière, c'est l'Imérina.

La température fraîchit doucement. Tout autour de nous, des plantes tropicales : fougères, cactus, palmiers, bananiers, forment par endroit de jolis bouquets d'arbres qui reposent la vue. La route continue d'être tortueuse et montante. On côtoie parfois des précipices du fond desquels monte un murmure de rivière qui roule des cailloux. Plus loin, nous atteignons et nous suivons assez longtemps le lit d'un affluent du Mangoro, la Mandraka, cours d'eau assez large, capricieux, qui tombe en cascades avec des bruits formidables et se recouvre alors de remous écumeux. Cela rappelle, mais en petit, la grande forêt. Beaucoup de pêchers, encore, et des cases de distance en distance, des carrés de rizières très verts qui contrastent avec le reste du paysage gris et jaune. Et toujours sur la route nous en rencontrons de ces mêmes bourjanes qui portent, attachés aux extrémités de longues tiges de bambous, des paquets volumineux et lourds, pendant que d'autres, tirent ou poussent de petites charrettes chargées de colis, de bagages ou de marchandises. Ils suent, ces pauvres, et paraissent exténués, autant par la fatigue que par le soleil.

Nous faisons halte à Ambatoloana, village tout nouvellement construit, aux maisons de terre ou de briques rouges, bien alignées. Les rues en sont droites et régulières, mais le village est assis sur le flanc de la montagne et ce n'est que montées ou descentes.

Nous sommes maintenant en Imérina. Ambatoloana est le premier village de la province des Hovas. Le paysage n'est pas aussi gai, cependant, autant que je l'aurais cru. Tout autour de nous ce ne sont que mamelons emboîtés les uns dans les autres et tous recouverts d'une couche grise peu épaisse. Nous allons arriver à Manjakandriana, de bonne heure.

Manjakandriana.

C'est aujourd'hui dimanche et c'est fête à Manjakandriana. Il y a sur la place publique un *kabary*. Une foule très grande de Malgaches se presse là, autour de trois ou quatre qui causent, qui causent très fort et très vite, qui chantent parfois et dansent en même temps, en agitant une espèce d'instrument de musique appelé valika, long morceau de bambou sur lequel ils ont tendu des fils de rafias. Et toute la population qui les écoute, les applaudit chaleureusement. Il y a des hommes et des femmes assis par terre, au premier rang ; derrière il y en a d'autres debout. Plus loin, sur les murs, les derniers arrivés sont montés pour jouir quand même du coup d'œil. Les femmes, bien enveloppées de leur lamba, semblent prendre un grand intérêt à ce qui se passe. Des gamins aussi prêtent l'oreille. Je n'ai, jusqu'à présent rien vu de semblable... à moins que ce ne soit une discussion à la chambre des députés, quand nos honorables *s'emballent*, mais encore ce n'est pas tout à fait cela !

J'admire la variété des costumes, la richesse de quelques-uns. Mais aussi l'on me regarde comme un être curieux, et je vais un peu partout, examinant ici les gens, plus loin les maisons, en pierre ou en terre, mais blanchies à la chaux, ayant maintenant des airs coquets.

Manjakandriana est vraiment la localité la plus jolie parmi celles déjà vues depuis la côte. Et aux alentours les champs de riz sont bien cultivés. On dirait une campagne de France au mois de mai. Tout est vert et d'un joli vert. Quelques arbres ombragent les maisons des Européens. Le jardin de l'administrateur a très jolie apparence avec ses fleurs variées.

En compagnie de plusieurs voyageurs qui nous ont rejoints et de leurs femmes, nous dînons dans un hôtel impossible, comme on n'en rencontre qu'à Madagascar, assurément. Une belle nappe blanche sur la table, mais pas de serviettes ; du pain blanc, mais du vin aigre comme du vinaigre, impossible à boire et pas une goutte d'eau ; un potage délicieux, mais pas de sel ; des perdrix rôties qui n'ont pas été nettoyées à l'intérieur ; un poulet qui n'est pas assez cuit ; de la salade et pas d'huile ; comme dessert, des poires que le diable ne mangerait pas ; et du café, du café qui sent bon, que l'on est en train de passer pour le débarrasser du marc ; du café que l'on passe et repasse, mais qui tarde à venir, mais qui ne vient pas, et nous partons ainsi, payant très cher. Oh ! ce bon repas qui a duré quatre heures et pendant lequel la maîtresse de céans, nous a raconté une quantité d'histoires de brigands ! ! Oh ! ce bon repas où nous avons ri de nos misères en grignotant du pain sec devant des perdrix rôties, pendant que

MUSICIENS MALGACHES.

les moustiques s'acharnaient, dans l'air, à nous taquiner ! Mais, c'est charmant ! !

Tard dans la nuit, comme je ne dors pas encore, j'entends

toujours les mêmes petits bruits de tam-tam affaiblis du kabary de ce tantôt, et, curieux, je me lève et descends vers le bas de Manjakandriana, attiré par ce petit chant régulier et monotone des Malgaches. Derrière quelques maisons, trois ou quatre gamins et autant de filles s'amusent, — pendant que les parents digèrent leur rhum, — à imiter le kabary, qu'ils ont vu quelques heures avant. Et j'assiste à leur petite comédie, n'osant pas trop rire de crainte de les interrompre. Et cela est vraiment curieux, ces enfants qui sincèrement s'exercent déjà à tenir de longues conversations, à discuter. C'est un peu dans la nature des Malgaches de discourir ainsi à perte de vue sur des sujets souvent puérils. N'empêche que bien que je ne comprenne rien à ce qu'ils se disent, je m'intéresse tout de même à ce kabary de gamins. A la fin, je leur offre quelques sous et je rentre me recoucher, accompagné par la petite troupe qui ne cesse de me dire : *Merci*, *Merci*, *Ringa!* dans un français à peine intelligible.

27 janvier.

Nous partons assez tard dans la matinée, le parcours qui nous reste à faire est assez court maintenant, pour atteindre Tananarive, où nous serons d'assez bonne heure, ce soir.

Enfin, nous allons arriver. Je vais voir mon pauvre et cher tonton Louis ! Quelle joie pour moi de retrouver quelqu'un des miens dans un pays aussi lointain ! ! C'est égal, le plus difficile est franchi. Nous n'avons plus les pénibles chaleurs de la côte. Sans doute, il fait encore chaud ici, mais moins qu'à Mahatzara et qu'à Tamatave. Les matinées et les soirées sont assez fraiches pour que l'on soit obligé de prendre quelques précautions, contre refroidissements possibles. Dans les champs, je remarque des

PASSAGE D'UNE RIVIÈRE AUX ENVIRONS DE MANJAKANDRIANA.

patates, des pommes de terre, du manioc. Nos bourjanes, qui, avant-hier, avaient l'air triste, sont maintenant gais et bavardent entre eux. Ils savent, eux aussi, qu'ils approchent du terme, qu'ils vont toucher leur paye et retrouver leurs femmes et leurs enfants.

Dans la campagne où émergent par endroit des blocs énormes de pierres noirâtres, sur la verdure, se détachent des groupes de maisons blanches. Il y en a partout. Et le contraste avec les pays précédemment vus n'en est que plus frappant.

Aux approches de Alarobia, où nous devons déjeuner, nos bourjanes se mettent à courir, et c'est de toute la vitesse de leurs robustes jarrets que nous entrons dans ce village qui allonge indéfiniment le long de la route ses petites maisons basses de terre rouge recouverte de plusieurs couches de chaux. Et chose surprenante, nous déjeunons bien dans un petit restaurant, nous causons beaucoup, le conducteur des ponts et chaussées et moi !

Il est de Bédarieux, comme l'auteur exquis de *Julien Savignac*, mon maître du lycée Flaubert ; et nous parlons des Cévennes, du pays de *l'abbé Tigrane*, de *Cécile Séverac*, *des Courbezons*, de *mon oncle Célestin*. Je vante la simplicité de Ferdinand Fabre, son extrême modestie....

— *Nous sommes tous comme ça, dans le Midi !* interrompt mon compagnon avec le plus grand sang-froid du monde, ce qui me fait songer à Tartarin, et je me contente de répondre par cette malice interrogative, qui n'est pas comprise, d'ailleurs : Bédarieux, est-ce éloigné de Tarascon ?

Nous repartons vers midi, comptant être à Tananarive à trois ou quatre heures.

En sortant de Alarobia, nous suivons, sur une longue montée

de plusieurs kilomètres, la route qui serpente parmi des étendues absolument arides. Arrivés au sommet, la vue s'étend très loin, et elle est particulièrement imposante, car, à l'horizon apparaît Tananarive, vague fouillis d'habitations rouges que surmontent le Palais de la Reine et celui du premier ministre. Mais c'est encore très loin, à plus de vingt kilomètres, et l'on ne distingue pas bien les choses, sous ce soleil flamboyant. Cependant, au-dessus des montagnes rouges, comme l'aïre d'aigles audacieux, la ville semble perchée. Et cet aspect est incomparable.

En continuant notre route, nous perdons peu à peu de vue Tananarive, car il nous faut redescendre, contourner de nouveaux mamelons. Quelle route capricieuse, en détours et retours ! Il semblerait que ceux qui l'ont construite se sont amusés à l'allonger sans fin comme pour faire durer plus longtemps leur travail. Tantôt nous montons, tantôt nous descendons ; nous allons à droite, nous allons à gauche. Et de temps en temps, quand dans une échancrure des montagnes de l'Imérina nous pouvons apercevoir Tananarive, il nous semble ne nous être pas du tout rapprochés.

*
* *

Vers trois heures de l'après-midi, nous sommes au col d'Ampasimpola. Tananarive est à deux kilomètres au plus, devant nous.

Elle se montre dans toute sa beauté rare et captivante de ville exotique. C'est quelque chose d'imprévu, d'étonnant. Une multitude de maisons aux toits de tuiles rouges, aux murs de briques rouges, couronnent ce mamelon rouge de quinze cents mètres d'altitude. Et au point le plus élevé, se dresse, imposant par son originalité, le Palais de Manjakamiadana, qui n'est autre que le Palais de la Reine. Tout près, les tourelles et le dôme central du Palais de l'ex-premier ministre émergent au-dessus de l'amoncellement des constructions malgaches. Les temples et les églises, les jolies maisons d'Européens accrochées aux flancs du mamelon achèvent de m'étonner. Et le long et tortueux ruban blanc de la route monte et disparaît, puis remonte entre ces constructions. Des bouquets d'arbres, orangers, lilas du Japon, filaos, disséminés aux revers des talus rouges, répandent un peu d'ombre. Et tout en bas, entourant la ville comme une jolie ceinture de verdure, il y a des rizières verdoyantes.

6 heures du soir.

Je me promène avec l'oncle Louis sur la place d'Andohalao, et j'écoute et je regarde. C'est vraiment une ville surprenante que Tananarive. Une ville, unique au monde. Des Européens, Français, Anglais, Suédois ; des Européennes, Françaises, Anglaises, Suédoises, passent et repassent en filanzane, très drôles dans ces chaises à porteurs que soutiennent quatre Malgaches. Une foule de personnes se reposent, assises en respirant l'odeur agréable des roses, des orchidées qui poussent à profusion dans le jardin public d'Andohalao. C'est l'heure douce, l'heure exquise où le soleil n'est plus à craindre, l'heure incomparable de calme et de bien-être dans la transparente limpidité des fins de jours d'été sous les tropiques.

CHAPITRE XIX

EN IMÉRINA

Pendant plusieurs jours, l'oncle Louis et moi nous demeurons à Tananarive. Nous prenons nos repas au Cercle Français et nous employons le mieux possible notre temps à visiter les principaux monuments de la ville.

Nous nous promenons toujours en filanzane, le seul système de locomotion pratique à Tananarive.

A distance, les monuments malgaches produisent un assez joli effet mais vus de près, c'est tout différent. Le *Palais de Manjakamiadana* ou Palais de la Reine se dresse dans la partie la plus élevée de la ville. D'abord, c'était un monument entièrement construit en bois. Depuis, on a élevé tout autour une immense construction en pierre de taille avec une tour carrée à chaque coin. Extérieurement l'aspect est imposant. L'intérieur n'est pas aussi beau. Au milieu de chaque étage, une grande salle à peu près de forme carrée, mesurant environ dix-neuf mètres de côté, avec une poutre géante au centre, qui va jusqu'au sommet de la toiture. Chacune de ces salles est décorée à la partie supérieure de larges bandes de papier peint bleu clair. Au-dessous, une suite de tableaux faisant le tour des salles représentent, dans un mélange tout au moins bizarre, les principales légendes antiques, des scènes historiques de François Ier à Napoléon : Calypso pleurant le départ d'Ulysse, François Ier armant Bayard chevalier, Napoléon franchissant le pont d'Arcole, et que sais-je encore. Des escaliers, d'une largeur démesurée, avec de larges marches peu distantes les unes des autres, donnent accès aux divers étages et finalement à la terrasse supérieure, où flotte le drapeau français. De cette terrasse la vue découvre un horizon magnifique dont il est difficile, ce semble, de trouver quelque chose d'approchant ailleurs. Dans le lointain, c'est la masse grise et ocre des montagnes de l'Imérina qui se profile sous le ciel bleu, en odulations lentes et molles. Plus près, c'est Ilafy, la *Montagne sainte* des vieux rois Hovas ; c'est le fort Duchesne, perché sur une éminence qui domine la ville ; c'est l'observatoire Ambohidampona ; c'est l'hôpital de Isoavinandriana ; dans le lointain, le joli coin d'ombre de Muhazoarivo, la résidence d'été du Gouverneur Général ; et, derrière, le fleuve Ikopa roule ses eaux limoneuses parmi la verdure éclatante des rizières ; puis la digue qui va de Nozizato jusqu'à la route d'Ankazobe, déroule son ruban blanc entre les maisons rouges d'Ambodinisotry.

Une longue et large couronne de rizières entoure Tananarive, dont les maisons apparaissent, du haut du Palais de la Reine, minuscules. Le lac Anosy, derrière le collège des Jésuites d'Amparibé, scintille sous le chaud soleil, et la vieille église cathédrale a tout à fait l'air de dormir accroupie sur le sol.

Le Palais de l'ex-premier ministre Rainilaiarivony, en pierre de taille et en briques rouges, est situé tout près du Palais de la Reine, à quatre cents mètres environ. Il sert maintenant de caserne à la troupe.

Le Palais d'argent est loin de mériter son nom. Il contenait,

GROUPE DE FAMILLE HOVA.

paraît-il, autrefois quelques ornements en argent. C'est aujourd'hui une petite maison de bois, que l'on se contente de regarder avec un haussement d'épaule. A côté du Palais de la Reine, existe encore l'ancienne case en bois, à moitié démolie, avec toiture en paillotte du plus grand roi de l'Imérina, Andrianampoinimérina, le véritable créateur de l'hégémonie hova. Le Palais de la Reine, le Palais d'argent et celui de Manampisoa étaient entourés d'une enceinte de palissades, appelées *rova.*

C'est près du Palais d'argent que se trouvent les tombeaux des sept souverains de l'Imérina, prédécesseurs d'Andrianampoinimérina.

La reine Ranavalona III habitait rarement son grand et peu confortable palais de Manjakamiadana. Elle préférait son petit palais quasi minuscule de *Manampisoa*. C'est maintenant le musée malgache. Les emblèmes des rois de l'Imérina, leurs armes, leurs dorures et leurs vêtements sont conservés dans ce musée. L'oncle Louis et moi, nous nous sommes longuement promenés dans ce petit musée. Nous avons remarqué un grand nombre d'objets offerts aux princes malgaches soit par la France, soit par l'Angleterre.

Au rez-de-chaussée, se trouvent des collections de jolis vêtements, des armoiries d'or et d'argent et des coiffures de toutes sortes. J'ai eu la satisfaction de faire rire l'oncle Louis en me coiffant une minute du chapeau de Radama II. Est-ce original, l'ancien élève du lycée Flaubert, le gamin du Luxembourg qui amusait Suzanne et traduisait Virgile a porté sur sa tête le chapeau galonné d'or du roi Radama !

Oh ! si j'étais caricaturiste, quels jolis croquis je ferais là-dessus ?

J'aurais bien voulu aussi essayer le képi d'Andrianampoinimérina, le grand roi, le maître de la *Ville aux mille villages*, mais.... il y avait des pous dedans ! ! O ! décadence ! ! !

Au premier étage, conservées dans un écrin, une épée en or offerte par Napoléon III, et la croix de la Légion d'honneur, dont Ranavalona III était titulaire.

Je ne sais quoi de triste et de pénible j'éprouve à visiter ce

UN JOUR DE MARCHÉ A TANANARIVE.

musée ! Tous ces bibelots, ces amusements de rois me paraissent bien enfantins, et je songe que nous avons interrompu ce grand divertissement royal en nous immisçant dans des affaires qui nous étaient étrangères et que nous avons exilé l'infortunée reine Ranavalona III en Algérie, loin de sa terre natale ! Et je me demande si, en agissant de la sorte, nous avons donné une preuve indiscutable de notre esprit de justice et de notre honnêteté ?

*
* *

Dimanche.

Nous faisons quelques achats au *zoma* (1) qui se tient dans le bas de Tananarive, à Analakely. Très curieux aussi ce marché. Avec partout, à terre, des petits casiers remplis de manioc, de patates, de pommes de terre et de riz; avec, par endroit, des sièges en roseaux, des lits, des ustensiles de cuisine, des animaux, des volailles : poules, canards, oies, dindons. Il y a de tout.

*
* *

Musique militaire sur la place d'Andohalao. Tout autour de la place et dans le jardin un nombre très grand de *ramatoas* (2) se promènent deux à deux, trois à trois, le bras gauche levé, suivis de leurs *marmittes* (3). Elles sont enveloppées dans leurs beaux lanbas blancs pour la plupart. Quelques-uns seulement sont de

(1) Mot malgache signifiant « *le marché* ».
(2) Mot malgache signifiant « *la femme* ».
(3) Domestiques.

couleurs variées aux nuances vives. Il y a des *ramatoas* qui portent des souliers, mais le plus grand nombre, marchent pieds nus.

Amusantes ces petites figures qui vous regardent sournoisement avec des yeux vifs et noirs, de dessous les plis du lamba, enserrant la tête à la manière d'un capuchon de caoutchouc.

PLACE D'ANDOHALAO.

Quand la musique se fait entendre, il y a vraiment foule à Andohalao !

Mais souvent la pluie vient et c'est alors une panique générale, tout le monde se sauve. Les petites *ramatoas* quittent leurs bottines et les mettent à l'abri sous leurs robes et ainsi, pieds nus, elles peuvent courir plus vite et protéger en même temps leurs précieuses chaussures. Rien n'est divertissant comme ces surprises qui éclatent tout d'un coup. Et pourtant c'est dommage parfois que l'orage vienne déranger de si jolis spectacles.

La place Andohalao est tout simplement magnifique au mois de janvier et au mois de février. Des fleurs partout, des roses, des capucines; des fleurs de France et des fleurs tropicales qui marient leurs nuances dans un heureux ensemble.

CHAPITRE XX

LA PROPRIÉTÉ DE L'ONCLE LOUIS

Quand je me suis trouvé suffisamment bien familiarisé avec Tananarive, l'oncle Louis, un clair matin de février, m'a conduit à sa propriété de *Malhouse*, située à six kilomètres environ de la ville, au nord. Cette propriété, d'une contenance de quarante hectares d'un seul tenant, est complètement entourée de murs entièrement construits avec des mottes de terre. Et cela donne tout de suite l'impression d'une terre essentiellement médiocre et d'une dureté de roc. En effet, ces murs qui peuvent dater d'un demi-siècle environ, résistent à la pluie, aux vents, aux cyclones, fréquents dans ces contrées. Ceux qui n'ont fait que traverser le plateau central de la Grande Ile se font cependant une idée du terrain qui partout présente le même aspect, une succession de petites collines séparées entre elles par de minuscules vallées. Le sol des collines est sec et aride, recouvert d'une herbe maigre appréciée seulement par une espèce de moutons dite *à grosse queue* qui est loin de valoir la chair de nos moutons français et qui est dépourvue de laine. Les vallées, au contraire, sont marécageuses et c'est là que se plante et se récolte le riz, la seule vraie richesse des habitants dans leur pauvreté.

La maison d'habitation est placée sur le versant sud d'un coteau dont le faîte est couronné par le petit village de Ambohitrarahaba. A l'est, dominant la propriété, se trouve Ilafy, une des sept montagnes saintes des rois de l'Imérina. Le centre du domaine est occupé par quinze hectares de rizières, et le versant nord d'une seconde colline qui forme la troisième partie de l'exploitation est couvert par un petit bois de manguiers précieux par son ombrage si rare et si recherché dans les chaudes journées des mois de décembre et de janvier.

La partie sud, qui comprend la maison d'habitation, les communs et la ferme, a été entièrement défoncée à un mètre cinquante de profondeur; des petits murs de soutènement ont été construits de distance en distance et des terrasses en forme d'escalier sont venues remplacer la pente générale de la colline. Dans ce terrain ainsi préparé et fumé en abondance, mon oncle Louis a tenté une expérience absolument malheureuse, c'est celle de la culture de la vigne. Traitée et soignée avec sollicitude depuis tantôt sept ans, cette vigne se composant de cinquante mille pieds à peu près n'a encore donné aucun résultat sérieux.

Et cependant, M. le député Vigné d'Octon parlait de Madagascar rivale dangereuse et cause probable de la mévente des vins dans la mère-patrie. Pauvre fillette! En attendant, ses habitants boivent encore un vin qui n'en a que le nom, à deux francs cinquante et trois francs la bouteille!

Quelques-unes de ces terrasses sont plantées en manioc; de nombreux mûriers, dix mille pieds à peu près, et un arbuste particulier au pays, la *situavina*, sont éparpillés un peu partout et servent à l'élevage des vers à soie, dont les cocons bruts, vendus sur les

UN CHAPELIER.

marchés de l'Imérina, sont une des ressources de la propriété.

Le bas de ce versant a été transformé en jardin potager. Une petite rivière et un petit étang permettent d'avoir de l'eau toute l'année, ce qui est une richesse inappréciable dans le pays. Aussi ce potager a parfaitement réussi, et à peu près tous nos légumes

RÉCOLTE DU RIZ.

de France y poussent, fournissant abondamment la table. C'est ainsi que les asperges, les artichauts, les cardons et autres légumes délicats y viennent très bien. Il ne faudrait cependant pas en déduire, me dit l'oncle Louis, que l'Imérina soit propice à tous ces légumes, car ce jardin, par sa situation exceptionnelle, les amendements que l'on n'a pas hésité à faire au poids de l'or, en font un coin unique à bien des lieues à la ronde.

Les fleurs y poussent aussi à profusion. Et la rose continuellement en fleur borde les allées du jardin de couleurs délicates. Les beaux arbres, malheureusement, font défaut. Mais plusieurs centaines y ont été plantés ou bien poussent et, dans quelques années, ajouteront un charme nouveau au domaine.

Les rizières forment le côté sérieux de l'exploitation au point de vue malgache. En effet, c'est sur cette récolte que vit toute l'année la maison entière. Hommes et animaux se nourrissent de riz. La paille est précieuse pour le fumier. Le surplus de la récolte est vendu un assez bon prix pour ceux qui peuvent attendre et choisir le moment le plus propice à cette vente. Deux fois par an, le riz est d'abord semé dans de vraies pépinières préparées avec soin et bien fumées. On fait inonder de temps en temps les pépinières, puis on les assèche. Et cette alternance de soleil et d'humidité active puissamment la croissance du riz. Puis l'on prépare la terre, en la labourant avec l'*angady*, sorte de longue bêche à main, en la fumant. Puis, quand les mottes sont bien écrasées, par un jour de préférence humide, on repique grain à grain le riz, et on inonde la terre ensuite jusqu'à la moisson. Lorsque le riz est mûr, on le coupe avec de longs couteaux qui ressemblent un peu vaguement à des faucilles ; on en fait de petites gerbes et on le bat ensuite en le frottant contre une pierre énorme.

Au nord de la propriété se trouvent des plantations de tabac, de manioc, de cannes à sucre, de pommes de terre et de patates. Le tabac est, avec le riz, une des principales ressources de l'exploitation qui possède toutes les machines propres à le manufacturer. Les cigarettes et le tabac coupé en paquet se vendent assez bien à Tananarive. Cette industrie, me dit l'oncle

Louis, ne demande qu'une poussée active pour prendre un développement sérieux dans l'île.

La canne à sucre se vend en général sur pied, car le terrain n'est pas assez bon pour faire des plantations suffisantes à produire soit du sucre, soit du rhum. Tous ces produits sont obtenus,

MARCHAND D'ANGADY.

bien entendu, à force de travail et d'engrais. Et pourtant la main-d'œuvre est difficile.

Le système d'engagement établi à Madagascar était excellent, il y a quelques années, me dit l'oncle Louis souvent alors, on avait le pouvoir de faire des engagements à longs termes et le droit de ne payer à son engagé qu'un prix modique en rapport avec son travail.

Depuis que le gouvernement de Madagascar a diminué la durée des engagements et augmenté le prix des salaires, il est à peu près devenu impossible aux colons de se tirer d'affaire, en continuant ce système.

A la *Malhouse*, mon oncle en emploie un meilleur.

Les engagés, au nombre de deux cents environ, sont tenus à donner deux jours de travail par semaine. Leur engagement collectif, au lieu d'être individuel, est légalisé à la province au point de vue des signatures. La durée de l'engagement, qu'il était impossible de faire de plus de deux ans individuellement, est de cinq ans collectivement. Les engagés ne reçoivent aucun salaire en espèces, mais ils ont la moitié de tous les travaux exécutés par eux. Mon oncle, au moment de la récolte, s'est réservé dans une des clauses du contrat le droit de racheter au cours du marché du jour la part de récolte des engagés.

Le personnel domestique attaché directement à la maison se compose entièrement d'engagés qui ont un salaire fixe par mois, variant entre dix et quinze francs. Le cuisinier gagne vingt francs et le commandeur général cinquante francs par mois. Le personnel domestique est logé, mais pas nourri, à l'exception du cuisinier. De plus, un charpentier, un forgeron, deux maçons, un médecin, sont attachés par engagement à la maison et sont payés à la journée.

Comme je me suis trouvé très surpris de ne pas voir beaucoup d'animaux, l'oncle Louis m'a appris qu'une autre propriété, située à quarante kilomètres à l'ouest, permet d'entretenir un troupeau de bœufs de cent cinquante à deux cents têtes, à peu près, chose qui serait impossible aux environs de Tananarive.

où l'on n'a pas de fourrages pendant huit bons mois de l'année. De ce troupeau, l'on retire chaque année la quantité de fumier destinée aux terres de *Malhouse*. Ces bœufs sont, suivant la mode malgache, renfermés dans des trous creusés dans la terre où on les engraisse et où l'on ramasse le précieux fumier.

Pour l'engraissage de ces bœufs, on fait de nouveaux contrats avec des Malgaches. Le Malgache tient à sa charge la nourriture et l'engraissage du bœuf et il ne le vend que lorsqu'il est bien gros. Le propriétaire a le fumier. L'une et l'autre partie partagent le bénéfice sur la vente du bœuf. De cette ingénieuse façon l'on arrive à avoir son engrais à peu de frais, et le Malgache y trouve également son compte.

En résumé, me raconte souvent l'oncle Louis, ma propriété aurait pu donner de forts beaux résultats, si la base avait été moins ingrate. Malheureusement, le peu de fertilité de la terre a fait qu'il a fallu dépenser beaucoup pour arriver à des résultats plutôt médiocres.

CHAPITRE XXII

UNE PROMENADE A L'OBSERVATOIRE D'AMBOHIDAMPONA.

4 février.

C'est une agréable promenade en filansane. Je quitte à l'ouest, Tananarive, dont les maisons rouges apparaissent semées sur un coteau, parmi la verdure de quelques lilas du Japon, de quelques orangers et de plusieurs manguiers. De l'autre côté, ce sont les contreforts des montagnes de l'Imérina, laissant dans de minces vallées des étangs pleins d'herbes et sur leurs rebords des maisons ocres, recouvertes de toits de paille de riz. Il y a peu d'arbres. Des rizières séparent ces petits villages. Je parviens rapidement sur l'éminence où nos troupes, en 1895, bombardèrent le Palais de la Reine et y jetèrent les deux obus qui sur-le-champ décidèrent de la reddition de la ville. De l'ouest au sud-ouest, l'Ikopa déroule, dans une suite de marais, ses eaux grasses et grises, et derrière un méandre du fleuve émergent les quelques arbres qui ombragent la résidence d'été du Gouverneur général à Muhazoarivo. A l'ouest, ce sont toujours les mêmes mamelons de l'Imérina, coupés par des routes rouges, par des sentiers rouges, sur lesquels circulent de distance en distance quelque chose de blanc, comme un fantôme : une *ramatoa* se rendant à son habitation, ou venant faire ses provisions à Tananarive. C'est une véritable surprise que j'éprouve à l'arrivée à l'observatoire d'Ambohidampona. Tout autour de la cime du mamelon, des roses touffues, fleuries, sentant bon, des roses partout. Et des mûriers, des framboisiers, des lilas, des zahanas, des eucalyptus, des aloès, des cactus aussi. Quelle végétation et à une altitude semblable, seize cents mètres environ au-dessus du niveau de la mer !

L'horizon est splendide tout alentour !

Pendant que les bourjanes du filansane se reposent à l'ombre des rosiers fleuris et extraient quelques chiques de leurs pieds nus, je pénètre dans l'intérieur de l'observatoire. Le directeur, le P. Colin, grand, distingué, très aimable, me retrace très rapidement l'historique de son établissement.

En 1889, le Myre de Villers, résident de France près la cour d'Imérina, lui fit don de cinq mille francs pour l'aider à construire l'édifice. Différents prix obtenus à l'Académie des sciences permirent ensuite au P. Colin de terminer assez vite les travaux, et son installation était très bien en mesure de lui permettre de se livrer à ses études lorsque l'insurrection de 1895 éclata. Il fut obligé de fuir. Les Malgaches, qui n'avaient cessé de voir d'un mauvais œil cet observatoire, et particulièrement le premier ministre Rainilaiarivony, détruisirent la plus grande partie du monument et s'emparèrent du cuivre des instruments qu'ils enfouirent ensuite aux environs.

La guerre terminée, le calme revenu, le P. Colin recommença de reconstruire son observatoire dès 1898. Actuellement il reste encore une tour à terminer. Mais à l'intérieur, la disposition des appareils est parfaite. Les observations que fait ainsi le P. Colin sont d'un haut intérêt pour Madagascar. Il possède à Ambohidampona les instruments les plus perfectionnés. A tel point qu'à plusieurs reprises, je me suis fait l'illusion d'être à l'Observatoire de Paris.

Une jolie histoire que me raconte le P. Colin. Autrefois, son

OBSERVATOIRE D'AMBOHIDAMPONA.

observatoire placé en face du Palais de la Reine et de celui du premier ministre, les dominant presque, était l'objet de beaucoup de préventions de la part de la Cour.

Très superstitieux, les Malgaches étayaient toutes sortes de légendes relativement aux expériences du P. Colin. Et la crainte fut à son comble, un jour que ce dernier se permit de faire voir des étoiles en plein jour à l'aide d'une puissante longue-vue. Il fut très surveillé.

Or, il arriva qu'à cette époque le P. Colin fit venir de France une lunette astronomique. Elle était évidemment démontée et renfermée dans plusieurs caisses que des bourjanes eurent charge de transporter de Tamatave à Tananarive.

Les bourjanes sont des êtres essentiellement curieux. Dans la forêt, ils voulurent se rendre compte de la nature des objets contenus dans leurs caisses. Ils prirent le support de la lunette pour un affût de canon et la lunette elle-même pour un canon. Et ils furent épouvantés de leur découverte. Ils pensèrent aussitôt que le P. Colin ourdissait contre eux quelque diabolique machination et ne trouvèrent rien de mieux que de faire rouler la lunette dans les ravins de la Mandraka.

A Ambohidampona, le P. Colin attendit longtemps sa lunette astronomique. Il l'eût attendue encore plus longtemps, si, grâce à des recherches que la Cour consentit à faire exécuter, on n'avait fini par découvrir les caisses intactes dans le lit caillouteux d'une rivière, en pleine forêt. Le P. Colin en fut quitte pour un nettoyage sérieux de toutes les pièces de la fameuse lunette !

TYPES HOVAS.

CHAPITRE XXIII

LES HOVAS

Les Hovas constituent assurément la tribu la plus intelligente, la plus intéressante et aussi la plus importante de Madagascar. Avant l'occupation de la Grande Ile par nos troupes, les Hovas exerçaient leur domination sur la plus grande partie du territoire malgache. Ils ont longtemps lutté, ils sont à peu près les seuls, d'ailleurs, contre l'ingérence anglaise ou la nôtre dans leurs affaires. Et ils ont lutté souvent avec habileté : tantôt en s'appuyant sur la France, tantôt, au contraire, en se servant de l'Angleterre. Leur but eût été évidemment d'user ces deux nations européennes en les amenant aux prises l'une avec l'autre.

Les Hovas se distinguent tellement des autres populations de Madagascar, que l'on prétend qu'ils sont originaires primitivement de la Malaisie. « Ils en ont tous les traits et tous les caractères. Leurs cheveux plats, leur barbe peu fournie, leur teint olivâtre, la bouche grande, les lèvres un peu fortes mais bien différentes de celles du nègre africain, le nez droit et court mais un peu aplati, les pommettes saillantes, les yeux légèrement bridés, l'élégance de leur taille et de leurs formes, sans parler de leurs mœurs, de leurs coutumes et de leur langue, tout rappelle la race malaise. » (1)

C'est probablement vers le IXe siècle qu'ils abordèrent dans l'île. Ils y furent, semble-t-il, mal reçus. Ils eurent à lutter beaucoup. Battus, massacrés, quelques-uns seulement, suivant les traditions, réussirent à gagner les hauts plateaux et purent, dans ces forteresses naturelles que forment les massifs de l'Angave, vivre en paix. Ils en profitèrent pour se développer, s'agrandir. Peu à peu, ils s'emparèrent des villes voisines et finirent par faire de l'Imérina un seul royaume.

Au XVIIe siècle, *Andriamasinavalona*, leur roi, s'établit définitivement à Tananarive. Il eut le tort de partager son royaume entre ses enfants. Ce fut là une source de désordres, de guerres qui nuisirent considérablement aux progrès de l'Imérina. Les Sakalaves en profitaient pour piller certaines régions de l'Imérina.

Le jour de son couronnement, le roi, que l'on est habitué à considérer comme le plus grand du pays, *Andrianampoinimérina*, sorte de Monroë primitif, s'écria, dit-on : « Il faut que toute la terre m'appartienne, la mer doit être la limite de mon royaume. » Son fils *Radama* continua son œuvre, étendit les limites de ses possessions. Il fut favorable aux Anglais. Mais sa femme, la sanglante *Ranavalona*, protégea tantôt les Français, tantôt les Anglais. C'est pendant son règne qu'un Français, Jean Laborde, nous conquit tant de sympathies en Imérina. *Radama II*, son élève, qui devint roi à la mort de *Ranavalona*, fut malheureu-

(1) R. P. Piolet.

sement assassiné, et le parti anglais put reprendre le dessus. La dernière reine *Ranavalona III* fut destituée par la France.

LA REINE RANAVALONA III.

Pourquoi l'histoire de Madagascar se confond-elle avec l'histoire des Hovas presque toujours? C'est tout simplement parce que les Hovas ont beaucoup d'aptitudes physiques. En outre, les Hovas sont sociables, hospitaliers, bienveillants, d'un naturel doux. « Ils sont incapables de violentes passions aussi bien que de profonds attachements (1) ». Ils aiment beaucoup à parler dans les *kabary* ou assemblées. Ils sont musiciens, commerçants rusés. Doués, en outre, d'une facilité surprenante à reproduire n'importe quels objets qu'on leur mettra sous les yeux ; adroits, curieux, résistants à la fatigue, peu sensibles à la douleur, résignés. Malheureusement, ils sont surtout paresseux, ivrognes et voleurs.

Chez eux cependant, la famille existe, forte et puissante, fondée sur la tradition et le respect de la puissance paternelle. Tous les membres d'une même famille, frères, sœurs, cousins, vivent ensemble des biens communs et concourant, chacun pour sa part, à la faire prospérer.

De plus, chaque famille forme comme un petit Etat, avec ses lois ou ses coutumes propres, transmises oralement et fidèlement observées. Le père ou, à son défaut, le frère aîné, ou tout autre désigné par l'usage pour être le chef de la famille, y est tout puissant. C'est lui qui règle tout pendant sa vie, et il dispose de ses biens, comme il le veut, à sa mort. Surtout, il peut exclure du tombeau ou chasser du sein même de la famille tout membre indigne. Ce sont là les deux plus grands châtiments à Madagascar, ceux devant lesquels aucun coupable ne reste insensible et qui, presque toujours, suffisent pour ramener les plus endurcis (2).

(1) R. P. Piolet.
(2) R. P. Piolet.

Les tombeaux sont l'objet d'une grande vénération. Chaque famille possède le sien. Ils sont souvent visités, les lambas qui enveloppent les morts renouvelés, et les cercueils trop usés remplacés par des cercueils neufs.

CHAPITRE XXIV

LA LÉGENDE DU BABAKOTO

Le babakoto est une espèce de singe à courte queue, assez répandue dans la grande forêt. Les Malgaches vénèrent cet animal. En voici la raison. C'est une jolie légende, que je me suis laissé raconter, dans une case, assis sur des nattes, un soir de janvier, pendant qu'au dehors, il pleuvait à torrent.

Radadianimapo avait été condamné à mort. Et pourtant il était innocent. Mais la justice, qui se trompe parfois, ne voulut pas revenir sur son erreur. Et il allait le lendemain être tué. Or, pendant la nuit, il fit un rêve. Il vit un *mpamosary* (sorcier) qui lui conseilla de se sauver du bourreau, le jour venu, de toute la vitesse de ses jambes, puis de gagner la forêt. Là, quelqu'un lui viendrait en aide.

Comme l'on conduisait Radadianimapo au supplice, il réussit à s'échapper des mains de ceux qui le tenaient par des cordes de rafias, et s'enfuit, à travers champs, vers la forêt. On courut après lui, sans réussir à l'atteindre, tellement il allait vite.

Dans la forêt, au pied d'un gros nato, Radadianimapo s'arrêta. Le bourreau, son grand couteau à la main, le croyant lassé, à bout de force, ralentit aussi sa course. Enfin, il allait saisir la malheureuse victime et l'immoler. Mais quelle ne fut pas sa surprise! Plus rien, au pied du nato! Personne. Radadianimapo avait disparu. Seulement, sur le haut d'une maîtresse branche, un gros singe regardait le bourreau d'un air moqueur.

C'était tout simplement l'infortuné et prétendu criminel qui venait d'être transformé en singe.

*
* *

Mais cette transformation ne dura pas éternellement. Les descendants de ce singe, qui furent des hommes, formèrent une tribu importante au bord de la forêt.

Le culte des ancêtres est tellement fort à Madagascar, que les Malgaches se gardent bien de toucher au *babakoto* dont la plainte lugubre et traînante est une des curiosités de la grande forêt ; au *babakoto* qu'ils considèrent comme un ancêtre, et qu'à ce point de vue, ils honorent superstitieusement.

CHAPITRE XXV

L'ENTERREMENT D'UN ANDRIANA (1).

Un soir de février, Razahimapo, un engagé de *Malhouse*, mourut. Il était vieux et ne travaillait pas fort. Mais on le conservait à la propriété parce qu'il était honnête et serviable.

Aussitôt quelques hommes de ses amis pénétrèrent dans sa case et procédèrent à sa toilette. Ils lui lavèrent le visage et lui mirent sur la tête un chapeau neuf de paille de riz ; ils le couvrirent de lambas propres, très blancs, et on l'étendit sur une natte au milieu de la case.

Ses enfants prirent ensuite les vêtements blancs en signe de deuil ; ses filles laissèrent retomber leurs cheveux en désordre tout autour de leur tête et s'habillèrent également en blanc. Le minuscule miroir pendu dans un coin de la case fut retourné contre le mur.

On veilla Razahimapo deux jours et une nuit. Pendant ce temps, on pleura autour de lui, on se lamenta, puis on chanta les éloges du mort, en buvant beaucoup de rhum. Tout le monde,

(1) Les Andrianas constituaient autrefois la classe noble du sang royal. Ils furent peu à peu dominés par les Hovas, c'est-à-dire par le *peuple libre*, et Rainilaiarivony, l'ex-premier ministre, était un Hova.

à la fin, s'était enivré plusieurs fois autour de Razahimapo.

Enfin le troisième jour on l'enveloppa dans cinq ou six lambas très serrés. C'est une habitude chez les Hovas de n'utiliser le cercueil que pour les souverains et les grands, cercueils rudimenraires, creusés dans un tronc d'arbre.

Sur une espèce de filanzane, on mit le corps de Razahimapo bien entouré de lambas, et un pasteur protestant vint dire un ou deux mots, et quatre Malgaches emportèrent le mort vers le tombeau qui lui était destiné.

Derrière, toute la famille suivait très nombreuse, par deux ou trois personnes de front. Et le convoi traînait très long, avec beaucoup de recueillement et aussi, par moment, de prières au défunt, de discours, de pleurs et de lamentations.

Arrivé au tombeau, le corps de Razahimapo fut placé la tête tournée vers le soleil levant, selon le vieil usage du pays. On mit un morceau d'argent dans sa bouche, une tabatière à côté de lui, des gâteaux de miel et quelques plats de riz.

Plusieurs fois l'an, ensuite, la famille revient au tombeau rendre un véritable culte au mort qu'il enserre. On le prie, on l'invoque, on lui demande conseil dans les circonstances les plus simples. On lui apporte du miel, du riz, du rhum et de la viande.

TANANARIVE (OUEST).

CHAPITRE XXVI

RAJAKO

Légende malgache.

Rajako est un singe d'une espèce toute particulière.

Rajako, quoique singe, n'aime pas les femmes, dit-on. Il les déteste tellement même que, chaque fois que l'occasion s'en présente, il leur joue toutes sortes de mauvais tours. Il y a une raison à cela, il y en a même plusieurs.

Il y avait une fois un homme qui s'appelait Rajako. Cet homme n'était pas heureux. Il vivait dans des transes continuelles ; car, en naissant, un devin au jeu de sikidy lui avait prédit toutes sortes de malheurs s'il touchait de sa vie à une cuiller en bois, à ces cuillers dont on se sert pour arranger ou manger le riz.

Cependant un jour fut où cet homme songea au mariage.

Rajako épousa une jolie petite Malgache qui répondait au nom harmonieux de Carasotry.

Carasotry possédait de belles mains fluettes, un corps d'ébène, mince et avenant, un visage toujours souriant.

Rajako aurait dû être heureux en ménage. Malheureusement Carasotry avait un petit défaut, un tout petit défaut, un défaut que l'on rencontre, en tout pays, chez les femmes, hélas ! Carasotry était bavarde, bavarde comme une pie de France. Rajako, lui, au contraire, comme un bon Malgache, était plutôt taciturne, rêveur. Sur sa pauvre existence pesait l'obsession de l'oracle à sa naissance et la crainte continuelle de heurter une maudite cuiller.

Rajako disait souvent :

— Tais-toi donc, Carasotry, tu m'ennuies !

— Carasotry, tu causes trop !

— Carasotry, tu es une mauvaise langue !

Mais Carasotry de continuer de plus belle. Elle cancanait le jour, elle cancanait la nuit. Elle cancanait toujours.

Rajako n'en pouvait plus de vivre dans un enfer continuel. Il voulut, une fois que sa ménagère étalait son riz sur des feuilles de bananiers, lui imposer silence de force. Mais Carasotry le frappa au visage du revers de sa longue cuiller. Et la prédiction du devin jouant au sikidy se réalisa. Rajako fut, incontinent, métamorphosé en singe.

Continuant d'étaler son riz sur des feuilles de bananier, Carasotry ne fut point affectée de la brusque transformation de son mari. Elle en sourit plutôt. Et l'infortuné Rajako quitta sa case. Sautant de branche en branche, il rejoignit la forêt, exécrant plus que jamais Carasotry, sa femme de malheur, en particulier, et toutes les femmes en général, parce que toutes les femmes sont bavardes !

* * *

Rajako, le singe a eu une nombreuse descendance. Ses fils, qui ont hérité de ses haines, se plaisent à égratigner de leurs ongles le visage des ramatoas. Et rien n'est redouté des petites Malgaches, dont l'enfance fut bercée aux récits des aventures de Rajako homme, comme les méchancetés des rajakos singes, au poil gris perle, à longue queue, dont le cri plaintif s'entend la nuit, de très loin.

CHAPITRE XXVII

LES ÉCOLES A TANANARIVE

« Le résultat que je me suis surtout proposé d'atteindre au point de vue de l'instruction, me dit un jour le Gouverneur général de Madagascar et dépendances, a été de répandre, le plus rapidement possible, la langue française dans la population Malgache. ».

Malheureusement M. le Gouverneur général n'a pas toujours été bien secondé dans ses efforts. Les collaborateurs de son œuvre d'enseignement lui ont parfois fait défaut ou se sont montrés au-dessous de leur tâche.

Il suffit de parcourir, en effet, la partie la plus fréquentée de l'île, la route de Tamatave à Tananarive, d'étudier attentivement l'indigène dans ces deux villes et dans les ports de Diégo et de Majunga, pour se rendre compte de suite que la langue française est aussi inconnue des Malgaches que le volapuk.

La vérité, c'est que les Européens qui arrivent à Madagascar sont obligés, eux, d'étudier la langue malgache de manière à se tirer d'embarras en route et dans leur commerce.

Les bourjanes même, ces nomades qui transportent continuellement les Français, connaissent parfois quelques mots de notre langue, mais combien peu, et sont absolument incapables de comprendre nos phrases les plus élémentaires. Qu'ils y mettent de la mauvaise volonté parfois, lorsqu'on les maltraite, je le concède; mais cette mauvaise volonté est une exception quand les voyageurs se conduisent bien à leur égard.

Il est évident, cependant, que les Hovas, désireux d'obtenir des emplois administratifs, qui satisfont leurs instincts de domination sur les autres races indigènes de l'Ile, se sont mis résolument à étudier la langue, et quelques-uns d'entre eux conversent très bien en français. Seulement ils sont encore une minorité bien infime.

*
* *

Le Malgache est un primitif et, comme tous les primitifs, essentiellement doux et impressionnable. Il suffit de savoir le comprendre, de s'intéresser à lui pour arriver à pénétrer rapidement ses idées très particulières qui sont plutôt des instincts de race. Étaler sous ses yeux les caprices de notre conduite de *maître*, c'est l'éloigner, par un sentiment de répulsion bien naturel, de nous, c'est le prédisposer à la haine du Français lequel, s'il veut gagner les peuples des colonies, doit en toute chose se montrer essentiellement juste.

*
* *

Le désir de s'instruire pousse la plupart des Malgaches à fréquenter les classes. Rien d'agréable à constater comme le nombre des écoles à Tananarive. Il y en a dans tous les quartiers.

Il y en a partout. Elles appartiennent aux missions étrangères, aux missions protestantes françaises ou aux congrégations, toutes plus ou moins subventionnées par le Gouvernement. Et dans toutes ces écoles il y a surabondance d'élèves. Ces enfants sont curieux, — je dis ces enfants, et il y en a qui sont hommes, — très intelligents, très éveillés, très dociles. Faire une classe à Madagascar est un plaisir. Aucun effort pour maintenir la discipline. Les élèves, naturellement curieux et désireux de s'instruire, écoutent, suivent les moindres explications du maître. Ils aiment la musique et chantent dans la perfection. Et tout cela est si amusant, si pittoresque et si plein d'intérêt, qu'une école en Imerina principalement n'a rien que de très souriant.

En présence de cette soif d'apprendre, les missions se sont développées, françaises et étrangères ; elles ont ouvert des écoles partout où le besoin s'en faisait sentir. Elles ont réussi partout, parce que partout elles ont su conserver ce prestige, cet ascendant moral qu'excerce sur les peuples primitifs l'homme juste et tempérant. Elles n'ont pas confié la direction de leurs établissements importants, ni le soin d'orienter leur enseignement à des diminutifs d'humanité. Elles ont fait appel à des personnalités de talent et de valeur.

L'*École supérieure des garçons d'Ambatonakanga*, récemment construite, élève, dans une des parties les plus agréables de Tananarive, ses jolis toits de tuiles rouges. M. Sharman, qui la dirige, est assisté d'un seul professeur européen breveté, M. Mathéy. Cependant Mme Sharman paraît être la cheville ouvrière de l'école. Elle voit tout, veille à tout et se montre, en toute chose, maternelle pour les petits Malgaches qui l'affectionnent. Nulle part ailleurs, sauf à Muhazoarivo, on ne constate pareille sympathie entre les élèves et les maîtres ou maîtresses. Douze professeurs indigènes sont chargés de l'enseignement du malgache et du français, qui se fait simultanément, sauf pour les cours élémentaires.

Le programme d'études est celui qui a été tracé par le Gouvernement. Les maîtres font usage de l'*Ecole Moderne* de M. Seignettes et obtiennent des résultats appréciables. Un jardin d'essai est annexé à l'école, un atelier de travail manuel aussi. Mais l'enseignement intellectuel est, de beaucoup, plus soigné que le travail manuel. Les enfants commencent à s'exprimer assez correctement en français. Les maîtres malgaches se font avec raison une haute idée de leur mission et s'en acquittent bien.

L'*École des garçons d'Ambohijatovo* est une école modèle. Le directeur, M. Standing, compte vingt années d'enseignement; c'est un maître expérimenté qui ne sacrifie pas à l'idée du jour à Madagascar, de *bluffer* le plus possible. Ici, aucun trompe-l'œil. Tout respire l'austère simplicité et la sincérité la plus absolue. Quelques-uns des professeurs ont complété leur instruction en France et obtenu leur brevet dans la métropole. Ainsi M. Razafimahefa qui a traduit l'*Histoire de France* de Claude Augé en malgache. Les livres classiques sont bien choisis, et bien appropriés surtout à l'intelligence des enfants. D'ailleurs, M. Standing, qu'une longue pratique de l'enseignement a rendu un maître hors ligne, a publié lui-même quelques ouvrages très appréciés à Tananarive.

*
* *

Ce n'est pas précisément à Tananarive, mais à quelques kilomètres que se trouve située l'*École normale de la Mission Protestante française* : à Muhazoarivo, dans un joli paysage, non loin du fleuve l'Ikoupa qui roule des eaux limoneuses parmi de grands carrés de rizières.

Le directeur, M. Groult, est un ancien instituteur de France, préparé dans une école normale de Normandie, un vrai missionnaire, animé par le feu sacré du prosélytisme protestant. Bien au courant de nos méthodes d'enseignement, il obtient à Muhazoarivo des résultats très heureux. C'est une école française qui devrait servir de modèle.

Des maisons pour loger les ménages d'élèves, un jardin très vaste y sont annexés. On sent que l'enseignement intellectuel n'est pas l'unique préoccupation de M. Groult. Il ne lui fait pas négliger l'enseignement moral. Il prêche d'exemple. C'est ce qui est exceptionnel à Madagascar.

On travaille au jardin, avec vigueur, on sème et on récolte le riz, c'est presque une ferme-école.

CHAPITRE XXVIII

CASES MALGACHES

Les cases malgaches sont presque partout semblables. En général, elles sont de forme carrée ou rectangulaire, les angles disposés selon la direction des quatre points cardinaux. Les portes sont tournées vers l'ouest. Elles sont extrêmement simples. Le plus souvent c'est une petite hutte de quelques mètres carrés recouverte en paille de riz, tapissée de joncs et de roseaux ou de nattes de bambous tissés en damier. Le plancher, assez élevé au-dessus du sol, est construit avec des troncs de pandanus qui se touchent. Pour dormir, on étend des nattes sur lesquelles on se couche. Le foyer dans un coin : sur deux ou trois pierres une marmite remplie de riz. Il y a de tout, là-dedans, poules, poulets, canards. Au milieu se trouve le mortier à piler le riz.

La porte est des plus rudimentaires. Elle glisse sur de petites traverses où elle s'applique seulement contre la case.

En Imerina où la terre est d'une solidité très grande, et au contact des Européens, les Malgaches remplacent les cloisons en roseaux ou en bois par des murs en terre. Et l'intérieur est plus soigné que partout ailleurs, plus propret. Seulement si les poules, les canards et les oies n'y logent plus, du moins y a-t-il des myriades de puces, ce qui n'est guère agréable pour l'Européen que les hasards de la route obligent à séjourner dans ces demeures.

CHAPITRE XXIX

TANANARIVE LA NUIT

Tananarive, la nuit, est une ville singulièrement curieuse et bizarre.

Le soir, sur le seuil de leurs portes, les Malgaches se reposent des chaleurs de la journée, accroupis dans leurs lambas blancs. Ils ont l'aspect de statues. De loin en loin, l'on entend des musiques d'accordéons. Et par-dessus les murs qui bordent certaines rues d'où la vue s'étend sur tout Analakely et sur tout Mahamasina, des hauteurs de Farahovitro, par exemple, ou d'Andohalao, l'on aperçoit une infinité de petites lumières éclairant faiblement les maisons indigènes.

Dès que la nuit commence à envelopper la ville d'ombre, tout mouvement cesse. Les rues se font désertes. Seuls résonnent quelques refrains de Hovas joyeux, sur un rythme lent et doux. Et de temps à autre, l'on voit passer, dans un sentier tortueux comme ils le sont tous à Tananarive, ou grimpant les marches inégales d'un escalier rudimentaire taillé dans le roc, des lumières pâles de lanternes malgaches. C'est qu'en effet, l'éclairage de Tananarive est nul et que, pour voyager la nuit, l'on a recours à des lanternes. Et ce spectacle de gens qui se promènent avec une lumière à la main est amusant. On en voit partout de ces lumières qui marchent jusqu'à dix heures du soir ; après, elles se font plus rares, puis finissent par disparaître complètement. Les chansons aussi cessent, et Tananarive, sous la nuit noire, s'endort peu à peu, cependant qu'aux alentours, la chanson stridente de la cigale se marie en notes peu gaies aux coassements de la rainette dans les rizières.

UNE NOCE À TANANARIVE.

CHAPITRE XXX

IMAHAKA ET IKOTOFETSY (1)

I

Il était, une fois deux Malgaches qui se rendaient au marché d'Analakely, à Tananarive. Ils ne se connaissaient pas et l'un suivait l'autre à plusieurs centaines de mètres de distance. Quand le premier eut gravi les escaliers qui conduisent à Mahamasina, il se reposa sur une pierre, son sac entre ses jambes croisées. Le second aussi se mit à s'asseoir, lorsqu'il eut atteint le premier, et plaça discrètement, avec précaution, son sac très près de lui. Ils se regardèrent et se trouvèrent chacun une mine de fourbe. Enfin, l'un dit à l'autre :

— Tu vas au zoma ? » Et l'autre répondit : « Oui, je vais au zoma, pour y vendre ce que j'ai dans mon sac.

— Ah ! tu as quelque chose dans ton sac ?

— Oui, je sais que ça vaut beaucoup de piastres. Et toi, qu'as-tu, dans le tien ?

— Moi, dans mon sac, j'ai mis une chose très recherchée.

— Qu'est-ce donc ?

(1) En malgache, Imahaka *signifie trompeur*, et Ikotofetsy, *homme rusé*.

— Je te le dirai volontiers, si tu veux me promettre de me faire connaître ce que tu as toi-même ?

— D'accord, parle.

— Eh bien ! j'ai un superbe coq, gros et gras, et joli comme l'oiseau de Ranavalona. A ton tour de causer.

— Et moi, je porte une bêche, comme jamais on n'en a vu à Analakely. Elle vient de très loin, et ce sont des Vahaza qui l'ont fabriquée !

— Mais aussi mon coq vient de très loin, de pays brumeux situés de l'autre côté du soleil.

— Oh ! oui, seulement ma bêche permet de travailler sans aucune peine. C'est un instrument merveilleux avec lequel on cultive le manioc, on laboure la patate sans presque y toucher.

— Et crois-tu donc que mon coq n'est pas un animal rare ! Il chante mieux que les Pères dans la cathédrale d'Andohalao... — Mieux que les Pères ?... peut-être, mais pas aussi bien que les Vahaza protestants dans le temple de Faravohitro ?

— Oh si ! Oh si ! Et au zoma, je le vendrai pour beaucoup de piastres et je pourrai acheter une provision de rhum pour plusieurs jours.

— Et moi, j'aurai encore plus de piastres en vendant ma bêche, ma jolie bêche, et je me procurerai aussi du rhum, du tabac, et du manioc !....

Ils se levèrent ensemble et se mirent à continuer leur route vers Analakely, sans causer, songeant l'un et l'autre à quelque ruses sans doute. Puis, tout à coup, s'arrêtant :

— Tiens, dit l'un, veux tu changer mon coq pour ta bêche ? Cela me dispensera d'aller au zoma, car j'ai besoin d'une bêche.

— Et moi, répondit l'autre, comme j'ai faim, et que je désirais acheter un coq, celui que tu portes dans ton sac fera mon affaire, j'accepte.

Et ils ouvrirent leurs sacs : dans l'un, au lieu d'un coq gros et gras, il y avait un vilain corbeau maigre, et, dans l'autre, une petite bêche en terre glaise. Ils étaient attrapés tous les deux, alors qu'ils se croyaient très malins l'un et l'autre. Et cela, loin de les contrarier, les amusa fort. Ils voulurent se mieux connaître, après ce tour si bien réussi.

— Comment t'appelles-tu ?

— Je me nomme Imahaka.

— Et moi, à Muhazoarivo, on ne me désigne jamais autrement qu'Ikotofetsy.

— Oh ! c'est trop beau, il faut nous lier par le *serment du sang*. En nous aidant, nous ne pouvons manquer de devenir très riches.

La cérémonie fut fixée au surlendemain.

II

A Ambatonakanga, dans la case d'Imahaka, on procéda à la cérémonie qui devait faire d'Ikotofetsy et d'Imahaka *des frères de sang*. Tous leurs parents, à cette occasion, s'étaient joints à eux, les femmes, assises par terre, les hommes debout le long des murs. On mit une petite assiette remplie d'eau sur une natte propre ; au milieu de la case et à côté, on plaça une autre assiette contenant deux morceaux de gingembre. Une femme apporta une tige de filao, et la coupa en plusieurs morceaux qu'elle jeta dans l'eau de l'assiette. Puis, elle se mit à chanter en se tordant les bras, en dénouant ses cheveux. Dans un coin de la case, un joueur d'accordéon se fit entendre et pendant que tout le monde invoquait les divinités malgaches, Imahaka et Ikotofetsy prenant un bout de gingembre, s'écorchèrent chacun la poitrine et quand un peu de sang en sortit, ils y trempèrent leur gingembre de manière à lui donner une jolie coloration rouge. Puis, ils échangèrent ces morceaux et les avalèrent. Ils burent ensuite, dans des feuilles de ravenalas, quelques gorgées de l'*eau du sacrifice*, se partagèrent les petits morceaux de filao, afin de les conserver précieusement comme souvenir de la cérémonie qui les avait faits *frères de sang*, et quand ils eurent vidés en compagnie plusieurs dames-jeannes de rhum, chacun s'en alla. La case d'Imahaka fut vite déserte.

III

Alors Imahaka et Ikotofetsy se livrèrent à de nombreuses rapines. C'était à qui des deux surpasserait l'autre en supercheries de toutes sortes. Au bout de quelque temps, Imahaka dit à Ikotofetsy :

— Tu as beau faire, je te suis certainement supérieur.

— J'en doute fort, répondit l'autre.

— Ah ! reprit Imahaka. Eh bien, je puis ressusciter les morts, et toi ?

— Et moi ?.... Mais ce que tu feras, je t'assure être capable de le faire.

— Nous verrons bien. Et pour commencer tuons nos

mères, après tu montreras ta science, quand j'aurai ressuscité la mienne.

Au bord de l'Ikopa, qui s'étend comme un serpent paresseux au bas de Tananarive, ils amenèrent leurs mères. Ikotofetsy frappa violemment la sienne et la précipita dans le fleuve. Pendant ce temps, Imahaka faisait semblant de battre la sienne, la teignait de sang de porc et lui recommandait de faire la morte. Et content de son œuvre accomplie, il se retirait avec Ikotofetsy, disant :

— C'est maintenant que le malin des malins va triompher !

Et il cria fort :

« Rasoananahary, mère aimée, réveille-toi d'entre les morts ! » et à son appel, sa mère, en effet, se leva. Ikotofetsy fut presque épouvanté, et dès lors, il n'eut plus de peine pour considérer son *frère de sang* comme l'ami des dieux. Pourtant quelques doutes, planaient en son esprit, et il résolut d'en avoir sous peu le cœur net.

IV

Certain soir que Ikotofetsy passait devant la case de Imahaka, il aperçut la mère de son *frère de sang* qui était seule. Il rentra dans la case et dit à Rasoananahary qu'elle ferait bien d'aller dans son jardin ramasser son manioc, parce qu'il avait entendu des voleurs qui parlaient d'aller le lui voler. Et bien que ce fût un peu loin et que déjà la nuit rendît la route noire, Rasoananahary se dirigea vite vers son petit jardin situé dans les contre-bas d'Isotry. La vieille Malgache était à peine entrée dans son jardin, courbée à ramasser son manioc, que Ikotofetsy courut prévenir Imahaka qu'un sanglier dévorait son manioc. Imahaka prit un fusil, se hâta de rejoindre son jardin. Il vit quelque chose de noir remuer dans les herbes et tira.

Il avait tué sa mère, à son grand regret. Il se mit à pleurer et à se lamenter, puis tout à coup il se calma, ayant imaginé une supercherie nouvelle. Ikotofetsy voulut le consoler ! « Hélas ! hélas ! répondit Imahaka, je ne puis plus la ressusciter, car elle meurt pour la deuxième fois. Et je n'ai le pouvoir de ressusciter les morts qu'une fois. Mais on va lui faire de belles funérailles qui nous rapporteront quelque chose ! »

V

Imahaka, aidé de son frère de sang Ikotofetsy, rapporta le corps de Rasoananahary, sa mère, dans sa maison. Il le plaça debout, le dos appuyé à la porte, et il sortit de sa case par la lucarne. « Maintenant, dit-il à Ikotofetsy, attendons les événements. « Et il s'assit près de sa mère. » Que veux-tu attendre, répondait Ikotofetsy ?

— Sois sans crainte, reprenait Imahaka, plus tard, tu verras ! »

Des bourjanes conduisaient un important troupeau de bœufs et de porcs.

— Hé ! les amis, dit le commandeur, n'y aurait-il pas, ici, possibilité de cuire notre riz et boire un peu d'eau?

— Amis, reprit Imahaka, heureux de vous être utile, je mets avec plaisir ma demeure à votre disposition. »

Et montrant sa case du doigt, il ajouta :

— Entrez, vous serez là comme chez vous. »

Et les bourjanes, en poussant la porte, firent tomber la morte avec fracas. Imahaka et Ikotofetsy accoururent et pleurèrent fort. Ils firent tant de bruit que toute la ville les rejoignit. Les bourjanes furent arrêtés et le tribunal les condamna à être pendus.

C'est alors que Imahaka, vénéré de tous comme un être supérieur, leur expliqua qu'il ne les ferait pas pendre, s'ils voulaient lui abandonner leurs troupeaux, ce à quoi ils consentirent de grand cœur. Imahaka, propriétaire du plus beau troupeau de la contrée, voulut se montrer un fils généreux et, suivant la mode malgache, il immola un bœuf en l'honneur de sa mère.

VI

Le grand roi Andrianampoinimérina mourut. On lui fit de grandioses funérailles auxquelles toute la population de l'Imérina assista, y compris Imahaka et son frère de sang, Ikotofetsy. Après les cérémonies religieuses, il y eut une distribution de volailles : poules, coqs, canards, oies. Comme Imahaka et Ikotofetsy s'étaient attardés pour jouer quelques nouveaux mauvais tours à leurs voisins, ils arrivèrent trop tard à la distribution et n'eurent qu'une oie entre eux. Comment faire pour le partage?

Ikotofetsy avait faim, il voulait cuire sa part et la manger. Imahaka, au contraire, trouvait que l'oie n'était pas encore assez grosse et voulait la faire engraisser.

Après un moment de réflexion, Ikotofetsy dit :

— Eh bien, voilà, si tu veux, l'oie appartiendra à celui de nous deux qui fera cette nuit le plus beau rêve.

— Accepté, répondit Imahaka.

Et ils se séparèrent sur ces paroles.

Le lendemain, de grand matin, Ikotofetsy se rendit chez Imahaka, car il avait toujours faim.

— J'ai rêvé quelque chose de surprenant, dit-il.

— Raconte, raconte, ajouta Imahaka.

— J'ai rêvé que sur les ailes d'un *couas* (1), je m'élevais dans les nues, si haut, si haut, que le ciel était au-dessous de moi !

Imahaka dit :

— Et moi, mon frère, j'ai rêvé la même chose. Je t'ai vu monter si haut, si haut, que quand tu as disparu à ma vue derrière la voûte du ciel, j'ai pensé que tu ne descendrais plus jamais sur la terre et j'ai mangé l'oie. Elle était, je dois l'avouer, délicieuse.

VII

Un soir qu'il faisait très chaud, Ikotofetsy et Imahaka rencontrèrent Andriambahoaka qui travaillait dans son champ à planter du manioc avec ses domestiques.

— Maître, dit Ikotofetsy, nous allons vous aider pour aujourd'hui seulement, si vous voulez nous prêter deux bêches.

Andriambahoaka, heureux de cette proposition, les envoya à sa case réclamer deux bêches à sa femme. Quand ils furent arrivés

(1) Espèce de coucou malgache.

à sa demeure, ils burent quelques litres de rhum, pendant l'absence de la femme, et quand cette dernière arriva :

— Prête-nous cent piastres, demanda Imahaka. C'est ton mari qui le veut. »

Et comme la femme de Andriambahoaka paraissait surprise, ils la prièrent de sortir sur le seuil de sa cabane, d'où son mari pourrait lui faire signe. Et en effet, aussitôt qu'il aperçut sa femme, Andriambahoaka cria :

« Donne-les-leur ! »

Dès qu'ils eurent les cent piastres, Imahaka et son frère de sang Ikotofetsy se sauvèrent à toutes jambes dans la forêt voisine.

Quand il connut le vol, Audriambahoaka, en colère, se mit si activement à la poursuite des voleurs, qu'aidé de ses domestiques, il réussit à les atteindre. Il les fit mettre dans un sac, en attendant qu'après avoir dîné il eût le temps de les jeter à l'eau.

VIII

Imahaka et Ikotofetsy ne s'amusaient pas beaucoup dans ce sac et savaient très bien qu'on allait revenir pour leur faire endurer toutes sortes de cruautés. Aussi quand ils entendirent passer près d'eux, la vieille Radafindrangita qui recherchait sa chèvre unique et son unique brebis en les appelant doucement, ils se mirent à imiter le bêlement de la brebis et de la chèvre, si bien que la vieille Razafindrangita courut vers eux et délia la corde. Imahaka et Ikotofetsy sortirent vite du sac, y plongèrent la pauvre femme à leur place et se sauvèrent encore une fois.

Andriambahoaka revint un moment après, fit prendre le sac par ses esclaves et leur donna ordre de l'aller jeter dans le lac d'Anosy.

— Sauvez-moi, criait la bonne vieille, sauvez-moi des brigands qui m'ont mis dans ce sac!

Mais on se moquait d'elle, croyant toujours avoir affaire aux voleurs, et on tapait ferme sur le sac avec de longs morceaux de bambou.

IX

Il nous faudrait beaucoup d'argent, disait un jour Imahaka à Ikotofetsy.

Et le lendemain, la nuit ayant porté conseil, ils prirent un dindon, cachèrent sous ses ailes beaucoup de minces lames d'argent et des pépites d'or, puis le mirent soigneusement dans un sac. Et ils allèrent ainsi passer devant la demeure d'un vieux très riche, très avare, qui conservait dans un trou de sa case un grand nombre de piastres.

— Qu'est-ce donc que vous portez là demanda le vieillard, de si précieux et avec tant de précaution?

— Nous allons trouver le roi Radhama, pour lui vendre un oiseau merveilleux, qui pond de l'or et de l'argent.

— Si la chose est exacte, dit le vieillard, fier de son argent, je suis aussi fortuné que le roi et je vous achète votre oiseau.

Imahaka sortit le dindon dans la case du vieux riche. Le

dindon, comme pour se reposer d'être serré dans la subique, agita ses plumes, et il en tomba les lamelles d'argent que Ikotofetsy et Imahaka y avaient mises, ainsi que des pépites d'or. Le marché fut long à conclure, car le vieillard tenait à ses piastres, mais, à la fin, il en donna cent et Imahaka et Ikotofetsy s'en allèrent contents. Quant au dindon, plus jamais il ne pondit d'or ni d'argent.

X

« J'ai su que Kelilalina, un vieillard très riche, vient de mourir ; allons réclamer à ses enfants le quart de leur richesse », dit Imahaka à Ikotofetsy.

Et ils partirent. Arrivés à Andrangavola, ils apprirent que le défunt était déjà enterré et que personne ne gardait plus son tombeau. Quand la nuit fut venue, très noire, ils se rendirent au tombeau de Kelilalina, ils l'ouvrirent, et Ikotofetsy se mit dedans avec le mort. Puis Imahaka courut au village d'Andrangavola criant, pleurant, et entra dans la case habitée par les trois fils du mort. Il se plaignit d'être déshérité, lui, le fils de Kélilalina, et les personnes présentes lui répondirent :

— Tu te dis le fils de Kélilalina, mais nous ne te connaissons pas?

— Je suis pourtant son fils, reprit Imahaka, seulement je suis né d'une autre mère qui vous est inconnue.

On fit venir les Anciens de la tribu. Personne évidemment ne reconnut Imahaka.

— Eh bien, puisque seul mon pauvre père décédé me connaît,

allons à son tombeau, nous l'interrogerons et vous pourrez ainsi vous rendre compte que je suis bien son fils.

Et tous se rendirent au tombeau de Kélilalina.

— Interrogez-le, dit Imahaka, aux fils du mort.

Et l'un d'eux demanda :

— O mon père bien-aimé, cet homme se dit ton fils, est-ce exact ?

On entendait au dehors le vent agiter les feuilles de manguiers géants. Mais le mort ne répondit pas. Alors, Imahaka dit :

— O mon père, qui es dans le tombeau, ne suis-je pas ton enfant, bien que né d'une autre mère que ceux qui sont ici présents ne connaissent pas ?

— Oui, tu es vraiment mon fils, répondit une voix sépulcrale, qui n'était autre que celle d'Ikotofetsy.

Et c'est ainsi que l'on fit quatre parts des richesses de Kélilalina et que Imahaka en eut un quart, qu'il partagea avec son fidèle compagnon Ikotofetsy.

XI

Quand ils furent bien riches, Imahaka et Ikotofetsy revinrent au village où habitait Andriambahoaka et organisèrent un kabary. Ils dirent qu'en voulant les noyer, Andriambahoaka les avait fait très riches et très puissants, car au fond du lac d'Anosy, il se trouve une grotte. Les Génies du lac y accueillent avec joie ceux qui y arrivent liés dans un sac deux à deux et les enrichissent. Ils n'avaient pas fini de parler que beaucoup d'hommes se firent mettre dans des sacs et jeter dans le lac d'Anosy. Mais aucun d'eux ne revint riche ni gueux! Et Imahaka et Ikotofetsy furent bientôt, grâce à ce stratagème, les seuls possesseurs de la contrée.

Ils devinrent rois et si puissants, et si jaloux l'un de l'autre, qu'un jour Imahaka empoisonna son frère de sang, en versant dans son riz un poison violent. Mais avant de le manger, Ikotofetsy, mécontent d'Imahaka, le tua d'un coup de sagaie. Le lendemain, à son tour, il mourait des suites du poison que lui avait donné Imahaka.

CHAPITRE XXXI

L'ONCLE LOUIS ENCORE MALADE

Un soir, que nous revenions d'une longue excursion en pirogue sur l'Ikopa, l'oncle Louis se sentit repris par la fièvre. A la maison, il absorba quelques cachets de quinine. Mais il dut se coucher de suite. Il ne dormit pas, rêva toute la nuit. Une sueur froide suintait par tous ses pores. Il respirait avec peine. Sa tête était brûlante. Et il se lamentait d'être encore, pour de longs jours, condamné à l'inactivité, obligé de demeurer chez lui, loin de ses rizières, de sa vigne et de ses champs qui demandaient cependant tant de soins. Et toujours, aux tempes, il ressentait de petits coups secs et douloureux, très précipités. Dans les articulations, de vagues rhumatismes le faisaient souffrir. Et ce fut ainsi pendant une semaine.

Après, la santé revint un peu avec la gaieté. J'allais me promener dans sa concession. Je donnais des ordres aux domestiques. J'étais déjà initié ou à peu près. Les occupations du colon finissaient par prendre tout mon temps. Et cela m'était sain, ce travail régulier, à l'air, ces marches à travers rizières et champs de vigne. Il est vrai, que le plus souvent, je me servais de filanzane. La chaleur était si pénible, au début. On s'habitue à tout et assez facilement, quand on a le tempérament bien fait.

Pour être exact, je dois dire que mon oncle Louis était bien le modèle des hommes. Il ne se lassait pas de me raconter des histoires malgaches, et moi je l'écoutais avec un infini plaisir. Après la légende d'Imahaka et de Ikotofetsy, il me dit le joli conte du *Serpent qui tète.* J'aimais d'autant mieux l'entendre causer que c'était pour moi, ces moments de joyeuse plaisanterie, des signes certains que sa santé s'améliorait.

CHAPITRE XXXII

LE CONTE DU SERPENT QUI TÈTE

Tout près du village de Andrefanantanimena, non loin de Tohomandinika, du côté de la route d'Ankazobé, la vieille Ranja, de la classe des Andrianas ou nobles, possède une rizière. Cette rizière, étant donné le voisinage du fleuve l'Ikopa, aux flots qui ne cessent d'être jaunes et limoneux, partant fertilisants, est très productive. Bon an, mal an, en moyenne, la rizière donne deux récoltes abondantes. Il est bon d'ajouter qu'elle est soigneusement cultivée et que la croissance du riz fait l'objet d'une surveillance très active de la part de la vieille Ranja.

Elle a poussé son mari Ratsibohafina à construire, à un angle de son terrain, une sorte d'ajoupa. C'est sur quatre pieux assez solides, fixés droits en terre, hauts de un mètre et demi environ, et rejoints à leurs extrémités supérieures par des bouts de bambous sur lesquels sont placés, se touchant, des morceaux de bois formant plancher. Là-dessus, sur une natte, Ranja vient de grand matin s'asseoir et y passe la journée entière. Aux angles de la rizière sont piquées des tiges de bambous, et des fils de rafia relient tous ces longs piquets au poste d'observation où se trouve placé Ranja. Elle veille ainsi à ce que les poulets, les canards et les oies en maraude ne viennent pas manger son riz. Il lui suffit de tirer sur les fils de rafia pour que tous les pieux se mettent en mouvement, et oies, canards, poulets, oiseaux, se sauvent au plus vite.

Mais le soleil chauffe dur parfois et Ranja aime à dormir !

*
* *

Ranja est mère d'un gros bébé au visage café au lait, qu'elle porte souvent enveloppé dans son lamba, sur son dos. Elle vient l'après-midi avec l'enfant faire la sieste sur son ajoupa. Pendant qu'elle sommeille, étendue sur le dos, le bébé pendu à ses longues mamelles, aspire le lait nourrissant. Et aussi pendant ce temps, canards, oies, poules, peuvent se permettre des polissonneries dans la rizière. Quand le bébé est bien lassé de teter, il s'endort à côté de sa mère. Et tous les deux au murmure de l'eau, bercés par le chant des canards qui barbotent dans le riz en fleur, ils continuent de dormir. Il arrive que le bébé se réveille le premier, cherche le sein de Ranja et, ne pouvant l'atteindre, pousse des cris inarticulés qui font fuir les canards, les oies et les poulets et tressauter la mère. Le lendemain ou bien le jour suivant, la scène recommence.

*
* *

Ranja, femme de Ratsibohafina, mère de Razafimahefa, n'a pas, assise sur son poste d'observation, de spectateur plus attentif à ses moindres gestes qu'un gros serpent, indolent, qui passe des heures et des heures à guetter son arrivée. C'est un animal rare de son espèce que ce serpent ! Bête curieuse, intelligente et pleine de ruses. Aussitôt que Ranja commence à s'endormir, le serpent s'approche, grimpe sur l'ajoupa, l'atteint. Il détourne peu à peu, lentement le bébé qui tète, de crainte de le faire crier et se met à son tour à sucer le lait de Ranja. Si l'enfant s'endort aussitôt, tout va bien. Autrement, il faut occuper le bébé, qui n'ayant pas toujours l'esprit de téter son doigt en la circonstance, pourrait pleurer et éveiller la mère. C'est là que l'habileté du serpent est surtout manifeste. Il présente l'extrême pointe de sa queue dans la bouche du bébé qui croyant toujours tenir la mamelle de Ranja tète de plus belle. Tranquille, le reptile remplace le bébé, à chacun son tour. Puis rassasié, il regagne vite son trou. Razafimahefa crie et Ranja se réveille de mauvaise humeur, grogne après les canards qui sont venus pendant son sommeil cueillir ses fleurs de riz, et rejoint sa case et son mari, emportant dans son lamba, sur le dos, son bébé au visage café au lait.

Depuis des journées et des journées, le gros serpent s'est nourri habilement du lait de Ranja, au détriment de Razafimahefa. Et Ranja ne s'en est pas aperçue. Malheureusement pour le gros serpent, le riz est mûr. On le récolte et, d'ici longtemps, Ranja ne viendra plus guetter les canards, les oies et les poulets.

CHAPITRE XXXIII

LA MORT DE L'ONCLE LOUIS

En France, le plus souvent, les maladies suivent leur cours normal. Il n'en est pas de même aux colonies, surtout à Madagascar. Au moment où l'on se croit hors de danger, généralement tout est à craindre.

C'est ainsi que je quittais l'oncle Louis un matin en très bonne voie de guérison et trois heures après au bord de l'Ikopa, un tsimandoa (1) vint m'annoncer qu'il était mort, et me prier de me rendre à Ilafy où j'attendrais chez des amis que l'on vînt me chercher quand tout serait arrangé.

Je ne saurais dire l'impression que cette nouvelle fâcheuse au plus haut point et inattendue me causa. Je me suis surpris sans aucune sensibilité. Rien, mais rien ne tressaillit en moi.

En ce moment, je ne sentais plus rien, moi autrefois, si impressionnable.

Le soleil des tropiques était seul cause de cet état particulier d'âme. Ce n'était pas seulement le corps qu'il avait anémié, l'âme aussi chez moi venant de perdre la vivacité de ses meilleures

(1) Un commissionnaire.

facultés. Tout s'use vite sous les tropiques. Et de m'en rendre compte ce fut, pour moi, véritablement terrible. Cette soudaine révélation de mon usure morale me fit plus souffrir que tout le reste.

Il en était à peu près de même des nouvelles de France, de tante, de Suzanne, de sa mère. Au début de mon séjour en Imérina, j'étais encore heureux de lire leurs lettres, de leur répondre longuement, puis tout cela s'en est allé, au point que je n'écrivais presque plus, que je manquais le départ du courrier quand je me hasardais une courte lettre.

Pendant deux semaines, je fus sérieusement malade à Ilafy et je ne pus, par suite, assister aux obsèques de mon regretté oncle Louis !

Après, les jours s'écoulèrent pour moi dans une insouciance dont je ne me serais pas cru capable quelques mois auparavant. La succession de mon oncle m'occasionna nombre de démarches et entraîna des complications telles que je me décidai à la fin à tout remettre aux mains d'un ami à nous, haut fonctionnaire du gouvernement, qui ferait le nécessaire. Et j'écrivis à tante pour lui annoncer mon prochain retour.

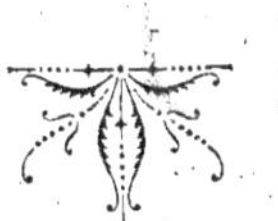

UNE HALTE DANS LA GRANDE FORÊT.

CHAPITRE XXXIV

LE RETOUR

Je ne me rends plus compte de rien. Il me semble que je vis dans un rêve perpétuel. Je vais rentrer en France. Je vais retrouver tante, Suzanne, sa mère; et toutes ces personnes qui m'étaient encore si chères il y a dix mois, je crains maintenant de les revoir sans plaisir. Quel être suis-je donc devenu? Quels fâcheux effets le Baal tropical aura-t-il exercés sur mon caractère? Je crois vraiment que le vieux et banal proverbe : « Loin des yeux, loin du cœur » est exact. Et pourtant plus je réfléchis et plus j'ai des raisons pour aimer tante, Suzanne, sa mère.

Je me souviens — oh! comment ai-je fait pour me rappeler cela — de nos deux soirées au théâtre où l'on jouait la *Samaritaine* :

Si vous n'aimez que ceux qui vous aiment, c'est peu.
Aimez qui vous opprime et qui vous fit insulte!
Septante fois sept fois, pardonnez! C'est mon culte
D'aimer celui qui veut décourager l'amour.
. . . .
. . . .

Aimez beaucoup pour qu'il vous soit beaucoup remis.
Aimez encore, aimez toujours. Aimez quand même,
Aimez-vous bien les uns les autres. Quand on aime,
Il faut sacrifier sa vie à son amour !...
. . . .

Que c'est loin ! mon Dieu ! Je ne comprends plus de la même façon !

Décidément le soleil de Madagascar est un monstre !

CHAPITRE XXXV

EN FILANSANE

C'est agréable, amusant et infiniment moins fatigant de voyager ainsi en filansane. Le pousse-pousse endort et lasse. Et les bourjanes qui excellent à porter le filansane ne savent pas encore trop bien diriger le pousse-pousse. Et puis, le pousse-pousse c'est connu, et c'est commun.

En pousse-pousse, il faut constamment suivre les routes, les chemins bien aplanis.

C'est monotone, après tout, la route toujours blanche, ou grise ou rouge. Au contraire, le filansane est le mode de locomotion particulier à Madagascar, comme le pousse-pousse est celui du Japon.

Mais le filansane est beaucoup plus rare, beaucoup plus spécial. Et en filansane on ne suit pas toujours les chemins battus ; le plus souvent même les bourjanes préfèrent leurs petits sentiers de la montagne ou de la forêt, où l'on est seul. Et l'on a ainsi comme l'illusion — et c'est aussi presque une réalité — de traverser des pays inexplorés, où nuls travaux d'art, nulle personne européenne, ne se présentent à votre vue.

Tantôt c'est, tout autour de soi, comme en Imérina, des paysages mamelonnés, recouverts d'une herbe grise et longue mais clairsemée, tantôt des rizières qui verdoient sous le soleil; plus loin, dans la forêt, de grandes branches s'étendent en tous sens et forment de jolis dômes de verdure.

CHAPITRE XXXVI

JOURNAL DE GUST

10 février.

Il est dix heures du matin environ quand je quitte Tananarive.

Entre le fort Duchesne et l'observatoire de Ambohidampona, mes bourjanes se frayent un passage sur la colline. Derrière moi, Tananarive s'éloigne : confus assemblage de briques rouges, de toitures sombres, gris et rouges et de verdure.

Un enterrement qui passe. L'enterrement d'un Malgache, enveloppé dans des lambas, porté sur une sorte de filansane par quatre personnes. Des hommes suivent en faisant des grimaces ; des femmes malgaches viennent plus loin derrière. Elles ont dénoué leurs cheveux qui flottent sur leurs épaules. Elles sont vêtues de blanc. Elles sanglotent.

Et cela s'en va rapidement, rapidement.

A la Robia.

Pas de pain pour déjeuner. N'importe, je mange des pommes de terre avec de la viande rôtie et du riz, et je bois du thé en guise de café.

En route, en passant à Mazina, je lis cette inscription : *Crand restaurant français* et au-dessous; *déjeuner provisoire à cinq francs.*

Vraiment, celui que j'ai pris est bien... *provisoire*, en effet. Il ne doit y avoir qu'à Madagascar que l'on trouve ces choses, des repas *provisoires* !

Provisoire, voilà un joli mot. Je vais le classer dans ma collection.

Manjakandriana.

Rien de changé depuis l'an dernier. Seulement j'arrive tard et il n'y a pas de kabary sur la place publique. Je n'entends que le chant de la caille dans les rizières. Des cailles, il y en a partout maintenant. Les grenouilles répondent. Il y a aussi des cigales. Toute la nuit on entend ces ramages : cailles, cigales et grenouilles.

11 février.

Bien dormi cette nuit; départ à trois heures ce matin. Les cailles, les grenouilles et les cigales continuent de chanter. Quel doux ramage ! Il n'est pas encore jour. On n'aperçoit rien, que des ombres très vagues qui sont des collines, ou des bouquets d'arbres. Mais il fait bon voyager, dans un peu de fraîcheur. C'est si court ce moment du jour.

A peine le soleil est-il au-dessus de l'horizon que déjà on éprouve le malaise des pays tropicaux.

J'arrive avant midi à Andakana; la pluie tombe maintenant à torrents.

Au bas du caravansérail, à cent cinquante mètres, serpente le Mangoro sur un lit de rochers, et, par delà le fleuve, la plaine immense s'étend à perte de vue jusqu'à Moramanga. Plaine nue, couverte d'une petite herbe grise, mauvaise, ne nourrissant aucun animal, région fiévreuse, région désolée, de solitude et de mort où l'on passe le plus vite possible, de crainte de ne jamais en sortir.

*
* *

Le déjeuner pris vers une heure de l'après-midi, la pluie ayant cessé, je repars. Dans la vallée du Mangoro, à six ou sept kilomètres de Moramanga, l'orage éclate et d'une violence rare. Me voilà pris. J'ai toujours eu la crainte de me trouver dehors pendant les orages. Jusqu'ici je les avais évités. Mais aujourd'hui, plus possible. Je vais donc voir « un bel orage », comme on dit à Tamatave. Je m'en serais passé. Pourvu que je m'en tire sain et sauf et mes bourjanes aussi, je ne crierai pas trop fort. Autour de nous un cercle de brume très épaisse se forme vite, se resserre aussi très vite. C'est la pluie qui nous entoure de toutes parts. Elle tombe maintenant assez près de nous, si fort que de la terre se dégage comme une sorte de fumée poudreuse. Et toujours le grand cercle noir se rapproche. Puis les éclairs commencent à sillonner de zigzags ce grand cercle noir, des éclairs qui se succèdent sans trêve et partout. Et les roulements de tonnerre deviennent si nombreux, sont si puissants, que je ne m'entends plus causer avec mes bourjanes.

Ils avancent quand même. Et devant nous, sur la route droite et blanche, un tourbillon de poussière nous arrive vivement en produisant un bruit de ferraille pour ainsi dire. Désormais la fête est complète. La pluie nous inonde. En cinq minutes, les larges fossés qui bordent la route sont remplis ; un moment après, l'eau monte aux genoux des bourjanes. Et le tonnerre continue sa grosse voix épouvantable et les éclairs se rapprochent aussi de nous. Mes pauvres Malgaches ont des figures de gens en peine. Ils sont trempés, architrempés, d'ailleurs si pauvrement vêtus; et moi-même, bien qu'enveloppé dans un long caoutchouc et la tête enfoncée dans le capuchon rabattu, je ne suis guère en meilleure situation. Mais ce qui les épouvante, c'est bien l'éclair, ce sont les bruits assourdissants du tonnerre. Et au fait, cela est assurément le plus à craindre. Nous sommes au fort de l'orage. Je leur demande de s'arrêter, de se grouper autour de moi et au milieu de la route, pendant que la pluie rejaillit sur nous, qu'autour elle creuse des trous et des ravins dans les ornières, que les éclairs sont de plus en plus proches, mes bourjanes et moi, nous essayons de causer, immobiles les uns et les autres. Et je leur souris, et ce sourire les tranquillise. Ils ont confiance au vahaza qu'ils transportent depuis deux jours. Mais la pluie nous assomme. Et tout à coup elle cesse, brusquement le ciel s'éclaircit, le soleil brille. Tout est fini. Nous reprenons notre marche.

Moramanga.

C'est aujourd'hui le carnaval. Je ne m'en serais pas douté. Il a fallu que l'on m'apprenne cela à mon arrivée à Moramanga. Et je suis resté indifférent. J'ai même beaucoup de peine à réussir à me rappeler le carnaval d'autrefois, le court congé qui nous était octroyé au lycée, pour aller gaminer sur le boulevard. Ma mémoire aussi comme mon corps, peut-être plus que mon corps encore, s'est anémiée.

Je dîne au restaurant et j'y couche aussi, mon lit étant, par suite de la pluie qui est tombée ce tantôt, hors d'usage pour ce soir.

Bon dîner, tout de même; meilleur que celui que je pris l'an dernier au même endroit. Allons, courage, on va en progressant à Moramanga! Joyeux convives, d'autant plus joyeux, me disent-ils, qu'ils viennent d'enterrer un de leurs camarades. Et ils s'amusent pour ne pas songer à être malades. Ils ont raison.

12 février.

Ont-ils raison? Je ne sais plus. Je les ai quittés hier soir à dix heures et je suis allé me coucher. J'ai mal dormi. Il y avait des puces, beaucoup de puces, et le lit était dur comme une planche, les draps troués, et les moustiques sont venus me visiter. Mais ces messieurs ont continué de s'amuser et quand je me suis levé à cinq heures ce matin, ils s'amusaient encore à jouer aux cartes, à boire du champagne.....

La forêt. Mes bourjanes suivent un petit sentier. Très agréable. Seulement il faut grimper très haut parfois, parfois descendre très bas. Et quand on s'élève au-dessus des mamelons, j'ai la tête en bas sur mon filansane, les pieds en l'air et je ne suis pas trop rassuré. Si je tombais, ce serait la mort immédiate sur les rochers qui sont au-dessous. Quand on dévale, je suis presque debout sur le filansane et je sais si bien le danger que j'en tremble toujours! Mes braves bourjanes, eux, enfoncent leurs doigts de pieds dans le sol, se raidisssent, se soutiennent deux à deux. Aucun danger n'est à craindre, à condition de les laisser aller à leur fantaisie.

Oh ! je me garde bien de les contrarier ! Mais vraiment ce sont des sensations plutôt pénibles, ces ascensions de rochers !

Pas beaucoup plus agréable, le passage sur un tronc d'arbre d'une rivière profonde, coulant à plus de cinquante mètres au-dessous de vous, et remplie de caïmans !

Béforona.

Pluie diluvienne. Moustiques. Puces. Nuit pénible, impossible de dormir, ils sont trop nombreux, ces *messieurs* moustiques, comme dit mon domestique, et ces *madames* puces !

13 février.

Je pars de bonne heure pour arriver au caravansérail avant l'orage. Maintenant c'est pour ainsi dire invariable, l'orage éclate toujours vers deux ou trois heures de l'après-midi, quelquefois avant même.

Région de ravenalas, puis région de rafias. Toujours les mêmes paysages désolés. Rien de changé depuis l'an dernier !

Ranomafana, 5 heures soir.

Depuis deux heures, j'attends mon lit et il ne vient pas. Mes bourjanes, porteurs de bagages, sont restés en arrière. Si jamais l'orage les surprend, je serai bien gêné, je ne pourrai utiliser mon lit et voilà deux fois que cela m'arrive à Moramanga et à Beforona.

5 heures et demie.

C'est l'orage en plein. L'eau tombe à torrent. Et mon lit ne m'est pas encore parvenu. Heureusement, j'ai ma chaise longue et je reposerai dessus cette nuit.

PASSAGE D'UNE RIVIÈRE EN FILANSANE

Mes bourjanes s'amènent un à un, trempés, et presque tous ont la fièvre, surtout mon domestique.

Lui, le pauvre, il est vraiment malade. Je lui donne quelque nourriture et du vin, et je le fais se coucher sur quelques feuilles de ravenalas que j'ai trouvées par hasard.

Un brave Malgache, celui-là ; jamais il ne me quitte

PANGALANE A IVONDRONA.

A chaque étape c'est lui qui arrange mon frugal repas, qui installe mon lit, qui veille sur mes bagages. La nuit, comme un bon chien de garde, il dort couché de travers dans la porte de ma cabane.

Mahatzara, 14 février.

Enfin me voici à Mahatzara qui ne sera jamais le pays de mes rêves !

Je déjeune dans un petit restaurant bien tenu et où je mange bien et de grand appétit. Mais, mon Dieu! que toutes ces figures qui sont autour de moi m'épouvantent. Ces pauvres gens n'ont que la peau sur les os! Ils sont avec cela d'une pâleur cadavérique.

Quelques-uns des convives ordinaires manquent. Ils sont malades. Ils ont la fièvre. Oh! cette fièvre qui attaque tout le monde, quels ravages elle cause dans la population blanche!

15 février.

La nuit a bien été ce qu'elle devait être! Personne n'a pu dormir. Nous nous sommes promenés sous la véranda, car il a plu. Nous avons fumé des cigarettes. Nous avons bu du café. Quelqu'un a raconté des blagues!

Nous partons par les *Pangalanes*, une merveille! Et pendant toute la journée, sous le soleil torride, nous naviguons.

Le bateau sur lequel nous avons pris place, l'unique bateau est dans un désordre étonnant. Nous sommes cinq ou six assis sur un banc qui se brise au bout d'une heure de marche, et, le reste du temps, nous sommes condamnés à rester debout. Jolie perspective!

Andevorante, Andavak, Ampantomise, Tanifotsy puis Ivondro! dix-huit heures de navigation! Dix-huit heures d'ennui, de fatigue, de sommeil, et de chaleur! Dix-huit heures les plus pénibles, les plus insupportables de tout le voyage!

Ivondro.

Nuit noire.

Deux heures d'attente pour prendre le train à destination de

Tamatave; deux heures d'attente et rien à manger, et nous sommes quinze affamés !!

Et quel train encore ! Comme l'an dernier, il pleut dans les wagons et on ouvre ses parapluies. Il n'y a pas de lanterne, et un employé pénètre dans notre compartiment et remet à l'un de nous une bougie allumée : « *Tenez-ça !* » lui dit-il d'une voix rude.

Ils sont vraiment plein d'urbanité les employés de la gare de Ivondro !!

Et le train roule dans la pluie et le vent.

CHAPITRE XXXVII

EN MER

Tamatave, 16 février.

Je comptais retrouver le père Jean. Hélas ! depuis trois mois il n'est plus. Et les nouvelles nous mettent si longtemps à nous parvenir que je l'ignorais cette mort ! Encore une déception !

Le navire « La Guigne », paquebot-poste de la Compagnie des Sabots Maritimes, est attendu ce soir, revenant de Maurice et de la Réunion. Il pleut une pluie lourde et chaude. Il pleut fort. Et sur la rade, les gros vaisseaux sont immobiles. Tout au long de la côte, la jetée fort éprouvée par le raz de marée de la semaine dernière déroule son ruban blanc d'écumes, et le chemin de fer de la pointe Tanio est coupé et en réparation.

19 février.

Départ de Tamatave par un temps pluvieux, le temps le plus ordinaire de cette côte basse et malsaine. Je ne m'intéresse plus à rien. Ce que je puis voir maintenant est connu. Les passagers n'ont rien de curieux. J'aime mieux vivre seul. Rêver, rêver, si je le peux !

Diégo, 21 février.

Toujours la quarantaine. On ne descend pas.

Nossi-Bé, 22 février.

Helville. Jolie petite île ombragée de hauts manguiers, cocotiers, palmiers, filaos, jaquiers, sang de dragon, yuccas. Nous nous promenons dans de larges avenues bien aérées. Mais ce qui nous amuse le plus, c'est assurément la poste. A l'arrivée du courrier, le receveur, qui n'a pas de facteur, ouvre ses sacs de dépêches et les vide sur des nattes à la porte de son bureau. Les personnes qui attendent des lettres viennent chercher, dans ce fouillis de correspondances, celles qui leur sont destinées ! Si l'on faisait ainsi en France, on réaliserait de jolis bénéfices, car on n'aurait plus besoin de facteurs !

Majunga, 23 février.

Sur une plage de sable, très basse à l'embouchure de la Betsiboka. Des maisons grises avec des toitures de zinc, ou de tuiles rouges. A distance, quelque chose de neuf. De près, une bourgade impossible à habiter, la chaleur y étant extrême.

24 février.

Mayotte, aspect ravissant. Verdures partout. Dzaoudzi, jolie bourgade ! entrevue seulement sous les arbres.

25 février.

Au petit jour on arrive en face de la Grande Comore. La sirène du navire pousse son cri rauque. Mais les habitants de Moroni n'entendent pas. Et pendant que la sirène continue de pousser son vilain cri, un petit pioupiou, embarqué à Diégo, meurt à l'hôpital du bord, dans une toute petite chambre, où l'on est étouffé par la chaleur. Vite, vite on lui prépare une bière. L'on perçoit de nos cabines le bruit du menuisier. Que c'est triste tout cela! Et dans la nuit, la sirène seule lance son appel qui est plutôt un hurlement sinistre, et toujours personne à Moroni ne se réveille. Deux heures d'attente ainsi. On ne voit rien que quelque chose de très sombre à tribord, quelque chose de vague qui doit être la grande Comore! Enfin, un feu s'allume. A la bonne heure, nous allons enfin communiquer. On descend le petit pioupiou décédé, dans son cercueil, entouré d'un drapeau tricolore. On le place dans la batterie près de la coupée des premières et on va le débarquer pour l'ensevelir à terre à Moroni. On sait à peine son nom et aucunement ce qu'il était, ce qu'il faisait en France. On ignore sa famille.

Des barques abordent. De grands diables de Comoriens envahissent le vaisseau, portant des fruits, de l'eau, des tapis et, là-même, sur ce cercueil de petit pioupiou français, l'on discute le prix d'objets insignifiants. On oublie même le respect du silence dû au mort, tout à la moins quand on est dans son voisinage.

Un moment après, le navire repart, et, accoudé au bastingage, je suis du regard la petite barque qui emporte vers l'île que nous quittons le petit soldat mort d'anémie et de dysenterie. Et je songe que des personnes amies, des parents viendront peut-être l'attendre à Marseille!

Zanzibar, 26 février.

Une ville très curieuse, une ville cosmopolite où l'on trouve de tout. J'admire ses portes immenses, ferrées de gros clous avec symétrie. J'admire la mosquée, le Palais du Sultan. Mais il fait chaud, si chaud que je me décide à rentrer à bord bien vite. Un affreux mal de tête m'a saisi. Je me frictionne les tempes avec de la glace.

On m'apporte une lettre adressée à l'agent de la Compagnie, pour moi, à Zanzibar. Elle vient de France et me cause tout de suite un grand plaisir. J'oublie mon mal de tête et je lis ma lettre. Hélas ! Elle n'est pas gaie cette lettre. C'est une réponse à mon télégramme annonçant la mort de l'oncle Louis et mon retour. Et on m'apprend que Suzanne aussi est décédée ! Pauvre petite Suzanne ! C'est étrange tout de même comme cette nouvelle m'émeut peu. Que suis-je donc devenu en un an de Madagascar ?

15 mars.

Je me réveille comme d'un long et pénible sommeil. J'avais attrapé une insolation à Zanzibar. Plusieurs jours de suite on désespérait presque de me sauver. Après, quand les effets de l'insolation furent complètement disparus, la fièvre me prit et m'occasionna des nuits douloureuses. Maintenant je vais mieux. Une fois débarqué en France, il n'y paraîtra plus.

18 mars.

Marseille entrevue ce matin au lever du soleil. Les passagers pour la plupart sont gais. Moi, cela me laisse encore indifférent. Je ne me reconnais plus décidément.

ZANZIBAR.

CHAPITRE XXXVIII

PARIS

19 mars.

Enfin je retrouverai dans quelques heures mon vieux Paris, le jardin du Luxembourg, celui des Tuileries, l'avenue des Gobelins ! Il n'y a rien de tel, à Madagascar. Alors ! je ne le quitterai plus jamais ce Paris où je suis né, où j'ai vécu si longtemps ! Malheureusement Suzanne ne sera plus là. Mais est-ce possible que Suzanne soit morte ? Je ne sais si je dois le croire. Non, ce n'est pas possible !

La vie de rêve, la vie étrange et toute artificielle des pays de soleil ne m'a pas laissé une idée exacte des choses !

Non, ce n'est pas possible, Suzanne n'est pas morte, quelque chose me le dit ! !

Midi.

La mère de Suzanne n'a pas survécu longtemps à sa fille aimée. Elle est morte aussi. Et ma pauvre vieille tante les a rejointes depuis huit jours !

Me voilà seul, absolument seul ! Je suis bien fatigué, j'aurais besoin de prendre quelque repos. Mais il faut vivre aussi ! La réalité m'apparaît maintenant à nu, dans toute sa laideur, il va me falloir travailler. Un pleur glisse de ma paupière. Pourquoi ? Parce que tante n'est plus, parce que je suis seul, parce que je suis obligé de travailler pour vivre ? Mais je suis courageux. Le travail ne m'a jamais fait peur. Au contraire. Je vais m'y mettre, au travail, en songeant à mes pauvres défunts, à ceux que j'ai connus, à ceux que j'ai aimés, à tante, à Suzanne et à sa mère.

ÉPILOGUE

Allez aux colonies !

Faites de la colonisation.

Tel est le refrain à la mode que nombre de géographes en chambre, de colonisateurs, qui n'ont étudié les mœurs et coutumes de nos possessions d'outre-mer que dans des journaux et des livres, plus menteurs les uns que les autres, ne cessent de chanter à la jeunesse d'aujourd'hui.

Il y a dans ce conseil un fond d'égoïsme.

En présence de la formidable poussée des jeunes, dont le bataillon sans cesse grossissant monte à l'assaut des situations administratives, beaucoup de titulaires de ronds de cuir se sont sentis en danger. Pour éviter toute compétition fâcheuse, ils voudraient bien pour la plupart se débarrasser de leurs futurs rivaux en leur criant de toutes les forces de leurs poumons :

Allez aux colonies !

Faites de la colonisation !

Et ils étayent leurs arguments de l'exemple du peuple anglais, de celui du peuple américain et des Allemands... Ils oublient seulement que dans ces pays l'émigration à l'étranger est devenue une conséquence fatale de la natalité dont l'importance est capitale. Ils oublient que notre tempérament et nos besoins sont tout autres. Ils oublient qu'en France l'agriculture manque de bras, que le commerce diminue, que l'initiative individuelle s'en va.

A l'heure où nos campagnes sont désertées par les petits paysans infatués d'une mince teinture d'instruction très élémentaire, et qui considèrent comme un métier humiliant celui de retourner la terre des ancêtres, de tracer le sillon pénible, c'est absurde et peut-être, hélas! de mauvaise foi, de clamer partout :

Allez aux colonies !

Faites de la colonisation !

*
* *

Allez aux Colonies !

Faites de la colonisation !

Ce n'est pas tout, que d'aller aux colonies, que de faire de la colonisation. Il faut surtout réussir. Une entreprise ne doit être préparée que par ceux qui sont capables de la mener à bonne fin. C'est pourquoi celui qui se dispose à faire utilement de la colonisation doit apporter avec lui trois sortes de capitaux aussi nécessaires les uns que les autres : l'intelligence dans un corps vigoureux, l'argent, et par-dessus tout une force morale très solide. Hors de là, il n'y a pas de salut. Sans l'intelligence qui guide et qui éclaire la vigueur physique; sans l'argent qui permet d'utiliser la main des indigènes et d'acquérer les outils indispensables à l'exploitation, les denrées de première nécessité, le fonds; sans la force morale qui soutient, qui donne patience et persévérance, aucune œuvre n'est possible. Les Anglais et les Allemands réussissent bien parce que, précisément, ils sont forts, vigoureux courageux, patients, laborieux, économes et d'une persévérance digne de tous les éloges. Une fois qu'ils se sont assigné un but, rien ne peut plus les rebuter. Ils luttent jusqu'à ce qu'ils l'aient atteint.

Un devoir s'impose aux Français. Avant que de songer à aller aux colonies, à faire de la colonisation, ils doivent commencer par acquérir les qualités du bon colon : la force, la persévérance, la facilité au travail.

Quand donc cesserons-nous de mettre la charrue devant les bœufs ?

*
* *

Allez aux colonies !

Faites de la colonisation !

Et pendant ce temps la terre de France restera inculte ! La terre de France, où tout vient à souhait sous un climat tempéré, sera abandonnée au profit des régions fièvreuses du Tonkin, des mornes plaines stériles de Madagascar, ou de celles du Sénégal! Peut-on concevoir quelque chose de plus absurbe?

* * *

Gust, ayant acquis par expérience la certitude qu'à Madagascar, même avec de la santé, de l'intelligence et de l'argent, on n'arrive que rarement à se tirer d'affaire, s'est décidé pour la *colonisation*... en France.

Élève d'abord d'une école nationale d'agriculture, ensuite de l'Institut agronomique, il a réservé les capitaux provenant de la liquidation de la succession de son oncle Louis, à l'achat d'une jolie propriété en Basse-Bretagne.

Il dirige lui-même l'exploitation, travaille avec ardeur, avec entrain, et tout le monde autour de lui en fait autant.

Depuis quatre ou cinq ans, grâce à des engrais bien choisis, à une connaissance approfondie du sol et des plantes, il obtient des résultats tellement importants que les cultivateurs des environs en sont surpris et, dans leur fond d'ignorance et de superstition, ils attribuent à Gust des relations avec le *Malin Esprit*.

« Si tout le monde faisait comme moi, dit Gust, dans quelques années la France augmenterait sa fortune dans de telles proportions, que l'on finirait par être obligé, comme les Anglais et les Allemands..., d'*aller aux colonies, de faire de la colonisation!* »

TABLE DES CHAPITRES

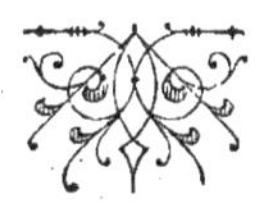

TABLE DES GRAVURES

6307-02. — CORBEIL. IMPRIMERIE ÉD. CRÉTÉ.